森林商学园

我的财商
小课堂

钱从哪里来

肖叶 主编　龚思铭 著

郑洪杰 于春华 绘

人民文学出版社　天天出版社

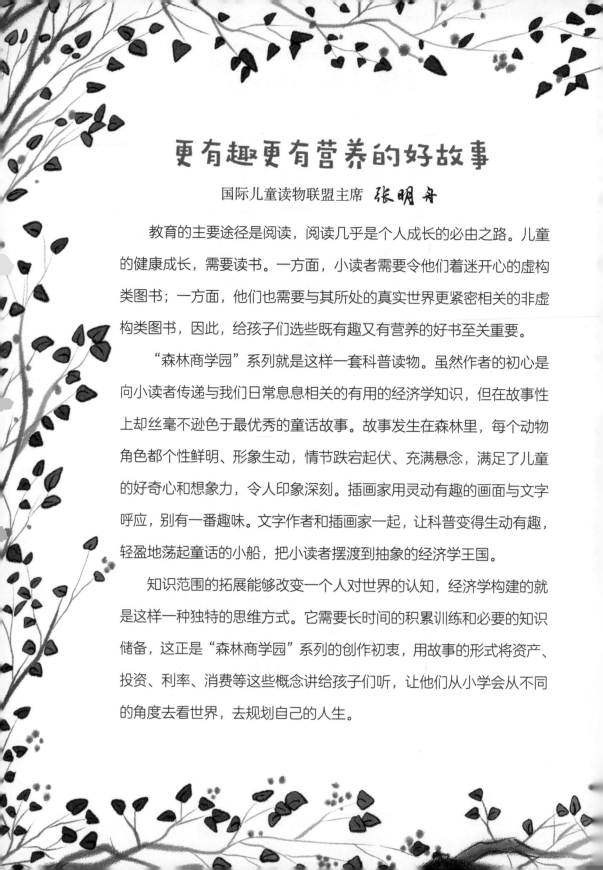

更有趣更有营养的好故事

国际儿童读物联盟主席 张明舟

　　教育的主要途径是阅读，阅读几乎是个人成长的必由之路。儿童的健康成长，需要读书。一方面，小读者需要令他们着迷开心的虚构类图书；一方面，他们也需要与其所处的真实世界更紧密相关的非虚构类图书，因此，给孩子们选些既有趣又有营养的好书至关重要。

　　"森林商学园"系列就是这样一套科普读物。虽然作者的初心是向小读者传递与我们日常息息相关的有用的经济学知识，但在故事性上却丝毫不逊色于最优秀的童话故事。故事发生在森林里，每个动物角色都个性鲜明、形象生动，情节跌宕起伏、充满悬念，满足了儿童的好奇心和想象力，令人印象深刻。插画家用灵动有趣的画面与文字呼应，别有一番趣味。文字作者和插画家一起，让科普变得生动有趣，轻盈地荡起童话的小船，把小读者摆渡到抽象的经济学王国。

　　知识范围的拓展能够改变一个人对世界的认知，经济学构建的就是这样一种独特的思维方式。它需要长时间的积累训练和必要的知识储备，这正是"森林商学园"系列的创作初衷，用故事的形式将资产、投资、利率、消费等这些概念讲给孩子们听，让他们从小学会从不同的角度去看世界，去规划自己的人生。

　　当今世界，一个人是否懂得理财，懂得做决策，懂得合理安排自己的资产，对其生活的影响是大而深远的，然而"财商"的培养需要一步步的知识积淀。经济学繁杂的原理和公式推导常令人眼花缭乱，阻挡了小读者探索的脚步。"森林商学园"系列巧妙地将经济学概念和原理用日常生活解读出来，即便小学生也能立刻明白。比如资源稀缺性、供给需求与价格的关系等概念，用"物以稀为贵"这样的俗语一点就通；再如，以效用原理来解释时尚潮流，建议小读者用独立思考来代替盲目跟从，专注自己的感受，从而避免受时尚潮流的负面影响等。书中所覆盖的知识不仅不复杂，反而很实用。每个故事结束后，还以"经济学思维方式"（"小贴士"和"问答解密卡"）告诉小读者在日常生活中如何应用经济学知识来思考和解决问题。

　　优秀的儿童文学，必定能深入浅出，举重若轻，使读者在获取知识的同时，提高独立思考与辩证思维能力。"森林商学园"系列正是这样一套优秀的儿童科普文学作品，它寓教于乐，是科普与文学巧妙结合的典范，值得向全国乃至全球的小读者们推荐。

前　言

　　孩子们的好奇心和求知欲表现在方方面面，他们既想了解宇宙和恐龙，也想知道家庭为什么要储蓄、商家为什么会打折、国家为什么要"宏观调控"。而这些经济学所研究的问题既不像量子物理一般高深莫测，也不像形而上学那样远离生活。只要带着求知心稍稍了解一些经济学常识，许多疑惑就可以迎刃而解。

　　除了生活中必要的常识，经济学还提供了一种思维方式，让我们以新的视角去观察世界。生活中面临的许多"值不值得""应不应该"，完全可以简化为经济学问题，无非就是在成本与收益、风险与回报等各种因素之间权衡。当然，生活是如此的复杂，远非经济学一个学科能够解释和覆盖，但是对未知领域的探究心和求知欲，特别是学会如何学习、怎样寻找答案，是比知识本身更加重要的能力，也正是这套丛书想要告诉小读者的。

　　人的认知有多深，世界就有多大。知识越丰富，人生体验也就越多彩。希望本套丛书所介绍的知识能为小读者提供一个全新的视角，有助于大家以更开阔的眼光去观察我们的社会、了解人类的历史和现在。同时也希望本套丛书能成为一扇门，引领小读者进入社会科学的广阔世界。

作者

认识森林居民

松鼠京宝

白鼠357

刺猬扎克

大雁商旅队

棕熊贝儿

老虎奔奔

狐狸歪歪

水獭波波

黄鼠狼阿黄

兔子霹雳

乌鸦墨墨

狗熊所长

猴蹿天

紫貂瑶瑶与紫貂琪琪

狍子阿皮

蓝折耳猫芭芭拉

老鼠杜花生

少校与上校

目 录

1 京宝的烦恼

太阳刚刚照亮冰雪森林，松鼠京宝已经在林间忙碌起来了，他正在地面上采集苔藓。秋天的苔藓是修补巢穴的好材料，把苔藓铺在用树枝搭好的卧室里，就可以温暖又舒适地过冬了。

京宝将苔藓运回家，提着小篮子又急匆匆地出门了。今天是赶集的日子，他必须采集足够多的松果，带到集市上，换一些水果干和谷粒——除了温暖的巢穴，食物也是安全过冬的必备之物。

京宝背着一把短剑，在松树林里上下翻飞，一会儿工夫就采了一大堆新鲜松果，像小山一样堆在地上。他用手捧起一颗比头还大的松果，小心地放在小篮子里。今年的松果长得可真好呀，又大又饱满。

"这么多漂亮的松果，一定可以换到最喜欢的水果干和谷粒，不用担心冬天会挨饿啦！"京宝开心地拎起小篮子，蹦蹦跳跳地朝集市跑去。

北方的冰雪森林中，白色的冬季侵吞了一年中一半以上的时间。可是冬天的雪也好玩得很呀！而且只要做好充足的准备，也不是那么难熬——白雪覆盖的大地深处、树洞里，都是十分暖和的！

冰雪森林的秋天集市最为热闹——有本地居民采集的浆果、坚果、蘑菇，还有用鲜果晒制的果干，有用树皮、树枝、树叶制作的精致耐用的小家具，有用果壳、果核制作的锅碗瓢盆和茶具……哦，对了！南飞的大雁商旅队也会在集市上短

暂停留，用北方冰原的土特产，换取一些鲜嫩野草和小鱼小虾。京宝最喜欢大雁带来的树莓果干，那是一种生长在极寒地区的红色浆果，营养丰富，酸甜可口。京宝采集松果，主要就是为了换些树莓果干吃。

刺猬和棕熊们要在第一场雪落下之前饱餐一顿，然后钻进地洞里，美美地睡上一大觉，静静等待春天的到来。不需要冬眠的森林居民就得在家里储存够整个冬天的食物。所以京宝到达集市时，这里早已挤得水泄不通。

京宝好不容易找到大雁商旅队，摊位上鲜红的树莓干看起来可真美味——什么？今年涨价了？！京宝看见价格牌上画着：1 条鱼 /10 只小虾 =1 包树莓干。他的心凉了一半，毛茸茸的翘尾巴啪嗒耷拉在地上。

京宝小心地问大雁："今年不收松果了吗？"

领头的大雁回答道："别提了，我们下一站栖息地被改造了，那里的松鼠、老鼠、兔子和鸟儿们冬天不再囤粮，都去掏垃圾箱了。所以，我们干脆在这里吃饱就出发，不往南边运货了。"

"那为什么涨价了呢？去年一篮子松果还能换两包树莓干呀？"

"我们在北方的领地飞来了一群天鹅，我们采不到那么多树莓了。你看，一共也就带来这些。"

大雁打开大竹筐，可不是，一筐都没有装满呢！

"为了大家出发前都能吃饱，只能涨价啦！"大雁有点不好意思地解释道，"你快想办法用你的松果换一点鱼虾，我留一包给你！"

"嗯！"京宝来不及细想，他似懂非懂地提着小篮子离开了。以前都是可以用松果直接换树莓的，而且一篮子能换两包，怎么突然就变了呢？他一边想，一边琢磨如何能用松果换到一条鱼。

忽然，他仿佛听见有谁在叫自己。

"京宝！京宝！"是他的好朋友——刺猬扎克。他背上扎着一条肥鱼，手里拎着篮子，正向他招手。

"哎呀！扎克，对不起，我急着去换鱼，我们一会儿在集市出口见吧！"京宝也向刺猬扎克挥挥手。此刻的京宝满脑子都是鱼，顾不上别的。

集市上水泄不通，京宝"树上飞"的本领也发挥不出来，只能用蛮力，铆足劲儿向别的摊位挤过去。

京宝用三分之一的松果在麻雀家换了两大包谷粒，还好麻雀家今年没有涨价，不然他冬天只能靠林子里埋下的坚果充饥了。可是怎么才能用剩下的松果换到鱼呢？这可真不容易！卖鱼的大棕熊只收蜂蜜，而且当场就吃掉。就算他肯收松果，自己这一篮子，

恐怕还不够塞棕熊的牙缝儿……干脆，直接去水獭家碰碰运气，或许他们想换换口味，尝尝新鲜的松果呢？

京宝背起谷粒，提着篮子在树林里飞奔，刚想一个筋斗翻上树，却被什么东西绊了一下，在空中翻了几个空翻，扎扎实实地摔在地上，松果和谷粒散落了一地……

古老的交易——以物易物

以物易物是最古老的交易方式。在远古时代，人类就是通过这种面对面的交易方式，来换取生活所需，互惠互利的。比如牧羊人需要粮食和蔬菜，而耕种的人需要羊肉和羊皮，他们之间就可以通过交换来满足各自生活的需要。

以物易物的麻烦

以物易物的麻烦是显而易见的，如果你拥有的东西不能直接换来你所需要的，就需要像京宝一样费尽周折。不过，在货币出现之前，人类社会的确就是这样进行交易的。换到自己需要的东西，可能并没有想象中那么容易。

集市——集中交易场所

集市的出现在一定程度上方便了以物易物。当大家都带着自己的劳动所得到集市上交换时，最多经过几次交换，就能换到自己想要的东西，而不必到处奔波了。不过，比起今天我们用"钱"甚至"电子货币"买东西，还是相当麻烦的！

1

问：大雁商旅队为什么突然不接受用松果换树莓干了呢？

2

问：树莓干为什么突然涨价了呢？

3

问：在我们人类的世界里也有集市，与冰雪森林的秋天集市相比，最明显的差别是什么？

12

你若想不出答案，书中的解密卡可以帮助你！

2 357 有好主意

"哎哟，痛死了！"京宝挣扎着爬起来一看，原来绊倒他的是刚从地洞里钻出来的白鼠357。

"357，你怎么突然冒出来，太危险啦！"京宝边捡拾谷粒和松果边说。

漂亮的白鼠357显然不是冰雪森林的土著居民。那是一个暗如黑夜的白昼，呼啸的妖风把树都刮倒了。噼里啪啦一阵闪电，稀里哗啦一堆东西掉落在林地上，其中就有这只白鼠。他长着一对亮晶晶的大眼睛，脚上挂着一枚金属标签，上面写着"UM357"。森林居民们并不明白这个代号是什么意思，不过还是接纳了他。他们就叫他"357"。

以森林居民有限的经验判断，357应该是从城市里逃出来的。再具体一点，说不定就是传说中那个恐怖的叫作"实验室"的地方。这一点，从那个神秘代号就很容易判断。他们想得一点也没错，"UM"正是英文"Ultra Mouse"——"超级老鼠"的缩写，白鼠357大概就是"超级老鼠"实验计划中的第357号白鼠。至于"超级老鼠"到底"超级"在哪里，人类又对他进行了哪些改造，森林居民们还不清楚。不过，357聪明伶俐，精力无限，绝不是普通的白老鼠，这一点是可以肯定的。

"哦，真对不起！落叶这样厚，阳光又刺眼，我差点以为眼睛坏了……不过京宝你怎么跑到地上来了？"357揉揉眼睛，两只小爪子在树叶里翻来翻去，帮京宝找松果。

"唉，我拎这么多东西，飞不起来啊！我赶着去水獭家，想用松果换一条鱼。"

357笑着说："别傻了！水獭家的鱼要用上好的鲜嫩树枝去交换，除非你的功夫有大棕熊那么厉害，否则他们才不会跟你换他们不需要的东西！"357两只胳膊嗖嗖嗖地比画着。

"嘿——哈！"京宝在357面前也耍起了功夫，"你看我厉不厉害！"但很快他做了个鬼脸，"不过功夫可不是这样用的……唉！可惜今年大雁不收松果了，想要树莓干，只能用鱼和小虾去换。"

357假装生气地说："原来是为了这个呀！你遇到难题，怎么不来找我和扎克呢？我们还是不是'森林三侠'？"

"就是因为我刚遇见扎克，才不去找他！他背上只扎着一条鱼，如果我开口，他一定会把鱼送给我，那他冬眠之前恐怕就要饿肚子了！"京宝总是会为朋友着想。

357笑了笑："还有我呢！跟我来！"他拉起京宝就向自己的地洞走去。

357三两下就把洞口的落叶清扫干净，阳光从树叶中间洒进洞口，进入洞中的京宝"哇"的一声叫了起来——几天不见，357的地洞比原来扩大了三倍，简直比冰雪森林里最威武的棕熊的树洞还要大！他又想起森林里的传闻，说不定357真的不是普通的白鼠。

357拿出几片亮晶晶的小板子，一片放在洞口阳光洒进来的位置，阳光

15

好像被他指挥了一样，直直地折向墙壁。357追着阳光的方向，把另一块小板子挂在墙上，阳光又折向对面的墙壁。几块小板子放好，357的地洞简直跟高处的树洞一样亮了！

京宝的眼睛瞪得老大，他被357的"魔法"，还有他的"魔洞"惊呆了——地上的箱子里、墙边的柜子上、天花板顶，都装满了各种各样他从来没有见过的新奇玩意儿——有闪闪发光的珠子，五颜六色的瓶子罐子，这毛茸茸、又厚又软的，是被子吗？摸起来好舒服啊！这可比兔子们用干草织的被子暖和一百倍呢！

京宝激动地说："357，你是魔法师啊……这些东西都是你发明的吗？要是带到集市上去，想换什么就能换到什么吧？"

"你看，我这里什么都不缺，干吗去集市呢？"357从一个小口袋里拿出一把雪白的、亮晶晶的小颗粒递到京宝嘴边，示意他尝尝。

京宝犹犹豫豫地舔了一口，小颗粒在他嘴里迅速融化了，京宝用舌头左碰碰，右舔舔，再也找不到，可是酸酸甜甜的水果味道却在嘴里散开了——太美味了！简直比树莓干还要好吃！

京宝问："哎呀呀，太好吃了！这是什么？"

"不知道，有时候同样的东西，也有完

全不一样的味道，好不好吃，全靠运气！我们就叫它'怪味粉'吧！不过……也不是这个样子的东西全都能吃啊，人类有时候会故意放些东西给你吃，可吃下去要丢小命的！"357得意地指指自己，"能不能吃，全得靠我的经验判断。"说完，他钻进一只大箱子，在里面折腾了半天，翻出一堆花花绿绿的线绳。

"拿这个去，保证能换两条大鱼。要是不换给你，你回来叫我，我带你去冰河下游，咱们自己网鱼去。"

京宝好奇地扯着线绳的一端问："这是什么呀？"

"拉住别动！"357说着，扯起线绳的另一边，稍微走远一些。

线绳被拉开，原来是一张大网！

357用藤条给网打了个小背包，放到京宝身边："用这个捞鱼，可比水獭们一条一条地捉鱼快多啦！"

"太好啦，357！"京宝感激地握住357的爪子。随后，他把小篮子里剩下的松果都倒在地上一个船形的容器里，他不知道这东西是做什么用的，

只觉得棕熊的大脚如果瘦一些，倒正好可以塞进去："那这些新鲜的松果给你，可好吃了！"

357大方地一笑："客气什么！这网河对岸多得很，对我来说也没太大用处。你被我绊倒，耽误了时间，这个就算给你赔礼吧！"

"不管你有用没用，反正帮了我大忙，我一定要谢谢你！"

松果是小松鼠最珍贵的礼物，357见京宝坚持，便谢了京宝，接受了他的好意。他又用树叶包了一包"怪味粉"递给京宝，催促道："快去吧，不然树莓干要被换光了！"

京宝一拍脑袋，赶紧背起谷粒，挎上装好渔网的小篮子向河边赶去。

冰河里的鱼不少，可来买鱼的森林居民更多，水獭们在河边支起摊子，很快就排起长队。除了鱼和小虾，他们也吃树林里的植物，他们还需要树枝来修补巢穴，所以动物们可以用美味的植物和新鲜树枝跟他们交换。

水獭们的生意好极了，棕熊、紫貂、猞猁猫等都收集了上好的新鲜树枝、树皮，到水獭家来换鱼。河边的树枝、树皮已经堆得老高。看到招牌上写着"1捆树枝/10片大号树皮=1条鱼/10只小虾"，京宝松了一口气："还好，这里没有涨价！"

京宝带来的渔网引起了大家的好奇。负责看摊的水獭波波，招呼在河里捉鱼的弟弟妹妹们："大家快上来瞧瞧，这个能不能用？"

听到哥哥召唤，弟弟妹妹们纷纷从水里钻出来，把捉到的鱼甩在摊上，抓起京宝带来的网，有的闻，有的摸："这是啥？又不能吃又不能用。"

"太棒了！"水獭们收拢满载收获的大网，对京宝带来的新型"武器"赞不绝口，"这网我们要了，两条肥鱼够不够？"

天，好大的惊喜！京宝没想到，水獭们居然给他两条肥鱼！他连忙开心地答应了："成交！"

波波用树叶把鱼包好交给京宝。京宝背起重重的包裹，不禁感叹："357果然厉害！"可惜自己和357都不太喜欢吃鱼，不然真应该叫上扎克一起美餐一顿！

京宝先把谷粒送回松鼠洞里，然后背起两条肥鱼赶回集市。不过，京宝只换了一包树莓干，至于另一条肥鱼，他还有别的用处。

终于跟大雁换到一包树莓干。京宝打开干草包，开心地闻了又闻，干草的香味混合着树莓的甜味："太幸福啦……"他开心地笑了。

尝！"京宝打开干草包，递给扎克。

"呀！"扎克叫出了声，拿出一个同样的干草包，打开给京宝一瞧，又是一包树莓干。

京宝吃惊道："你用肥鱼换了这个？"

"嗯！这不是你最爱吃的吗？我专门换来送给你的呀！"扎克边说边把树莓干重新包好，塞给京宝，"我还给357换了一包花生呢。本来早上就想交给你，你偏要跑那么急，害我拎了它一天！"

真是一个意外的惊喜！居然一下子得到两包树莓干！京宝既开心又感动地说："谢谢你，扎克！你跑了一天，肯定也饿了吧？不如咱们先去找357，一起吃！"京宝迫不及待想跟扎克和357一起分享，顺便感谢357的渔网。

"嗯……你这么一说，我还真觉得有点饿了。哈哈，我还有些树皮，待会儿还够去水獭家换条鱼吃呢！"

京宝这才想起，自己也给扎克准备了礼物。他狡黠地一笑，翻开篮子上盖着的树叶："瞧！肥鱼自己跑来啦！"

扎克先是一愣，然后也憨憨地笑了起来。

一阵微风吹过，金黄的树叶飘落下来。冰雪森林的居民们，要熬过漫长而寒冷的冬日，才能迎来温暖的春天。幸好，在秋天集市上，冬眠的居民们能在睡觉前饱饱地吃上一顿，不用冬眠的居民们也能买到足够的食物过冬。在冰雪森林美丽富饶的土地上，聪明又勤劳的居民们总是不至于挨饿的。

以物易物时，如何确定"价格"？

以物易物是以"需求"来为物品定价的。比如，对于普通人来说，一颗钻石显然比一个馒头贵重得多。而对于一个被困在山上、快要饿死的人来说，他一定愿意用身上最贵重的钻石来换取一个馒头。此时此刻，一个馒头与贵重的钻石可以是等价的，甚至馒头比钻石更珍贵。

我们故事里的森林居民们也是一样的。水獭们掌握着森林里的鱼类资源，却也需要森林里美味的植物食用，并用新鲜树枝来修整巢穴，所以他们愿意用肥鱼来换取这些。

棕熊、猞猁猫们能够在森林中采集到植物和树枝，但他们并不怎么需要，正好拿来换鱼吃。双方都用自己的劳动所得，换取生存所需要的物品。以物易物主要看交易双方的需求是什么，与物品本身的价值关系不大。

什么是效率?

效率衡量的是在避免浪费的前提下，以有限投入达到预期目标的能力。在我们的故事中，一只水獭一次只能捉一条鱼，就算许多只水獭一起下水，平均捕鱼数量也不会提高。可是如果使用渔网，四只水獭一次就可能捕到八条鱼，不仅省时，而且省力。也就是说，水獭用渔网捕鱼，效率提高了整整一倍!

我们说一个人的工作效率高，就是指在保证质量的前提下，这个人完成工作所花费的时间比其他人少；或者在相同的时间内，这个人完成的工作量比其他人多。

1

问：假如除了大雁商旅队之外，还有别家也出售同样的树莓干，大雁还可以随意涨价吗？

2

问：如果树莓干只能在大雁家买到，大雁可以随意定价吗？

3

问：有了渔网，水獭们捕鱼的效率突然提高了一倍，这对水獭来说有什么好处？

你若想不出答案，书中的解密卡可以帮助你！

3 冬日小插曲

冰雪森林的冬季是寒冷而漫长的——呼啸的北风吹得白杨、黑桦瑟瑟发抖，抖掉了最后几片树叶；雪花不停地从天空奔向大地，完全掩埋了秋天的痕迹。透明的冰看似脆弱，却像一只有魔力的大手覆盖在河面上，奔腾的河水刹那间安静无声……

然而，就在这样的严寒中，冰雪森林的深处依然生机勃勃。

啄木鸟在大松树周围飞了一圈，故意落在京宝卧室的外面，笃笃笃地敲个没完。等气鼓鼓的京宝钻出树洞，她却笑嘻嘻地一溜烟飞走了。

京宝站在树杈上伸了个懒腰，冬天的空气凉凉的，他不禁打了个寒战。忽然，地面上一阵响声引起了京宝的注意，他趴下一看，哎呀！原来是花栗鼠们在雪地里翻来翻去，寻找食物呢！

"糟糕！埋在地下的坚果可能保不住了……千万别给我吃光了啊！"

京宝正为他的坚果揪心，没想到花栗鼠们呼啦一下全跑了！京宝朝远处一看，原来是冰雪森林最威风的老虎奔奔来了。不过，他可不是来逗花栗鼠玩的，而是径直朝棕熊贝儿冬眠的树洞走去。

"又是一个爱敲门的家伙！"京宝为了抄近路，在树枝间翻飞。冬天的树枝太脆弱，他一个没抓牢，顺着树梢滑了下去，正好落在奔奔的头顶上。

从天而降的京宝让奔奔吓了一跳。

"哎呀！我都要被你吓死了！你从哪里飞出来的？"

京宝喘着粗气："嘘——嘘——别、别叫醒他！"

奔奔笑道："他都睡多久了！冬天好无聊啊，叫贝儿出来一起玩雪嘛！"

京宝做了一个阻止的手势道："森林公约——不可

以惊扰冬眠的棕熊！"

"奇怪，为什么呢？算了，要不咱们俩堆雪团吧！"

奔奔按京宝的样子在林子里堆了一只超大号的松鼠，漂亮极了！可是堆完雪松鼠，奔奔又想玩打雪仗——这绝对是个坏主意！京宝团的小雪球连奔奔的毛毛都沾不到，可是奔奔的大雪球却像炮弹似的，一个接一个地砸下来，京宝很快就被埋在雪里了！

三个大雪球黏在一起，京宝被压得动弹不得，奔奔赶紧跑过来救他。

奔奔捧着巨大的雪团，越看越觉得好玩："嘿！不如咱们一起，滚一个更大的雪球！"

京宝赶紧表示赞同，这毕竟比挨"炮弹"强多了。

于是，奔奔推着雪球，京宝走在雪球顶上，像踩球的小猫一样。

京宝指挥道："奔奔，咱们往坡上推，那里的雪更厚！"

"嗯，好主意！"奔奔兴奋极了。

一会儿工夫，他们就爬上了坡顶，那个雪球，已经比奔奔还要高了！

看着这颗巨大的雪球，奔奔得意极了！

"京宝你真棒！坡顶上的雪果然又厚又黏！"

不要吵醒冬眠的棕熊！

你好像说过……

京宝！你看起来……好好吃啊！！

京宝抬起头，才发现太阳已经落山了。为了一包树莓干，京宝提着篮子、背着沉重的背包、拖着肥鱼，往返于林地、河畔和集市间，折腾了整整一天，坐下来才觉得筋疲力尽，连回家的力气都没有了！

　　"京宝，可等到你了！"刺猬扎克按照约定，在集市的出口等着京宝，他的背上扎着各种鲜果，篮子里也满满的，看来收获不小。

　　"过冬的粮食都囤好了吗？"扎克背上的东西太多了，走起路来摇摇晃晃，他一边说一边向京宝靠近。京宝小心地保持着距离，既不要远到让扎克觉得不舒服，又不要近到让自己被他的刺扎到。

　　"嗯！大雁说话算话，给我留了好大一包树莓干，你尝

京宝慌忙跳到树杈上，大声叫道："贝儿，吵醒你，对不起！可是春天还没到，麻烦你回去睡觉吧！"

贝儿垂头丧气地说："可是，我真的好饿呀！饿着肚子怎么睡觉啊！"

奔奔趁机邀请："嘿，咱们打雪仗吧，玩起来就忘了饿啦！"

贝儿摇摇头，一屁股坐在雪地上："我连团雪球的力气都没有了，饿

呀……"他捡起奔奔刚团好的雪球，啃了一口。

森林公约说，千万不要吵醒冬眠的棕熊，看来是有道理的。他们饿起来可顾不得那么多，什么都吃。

京宝想挖一点秋天埋下的坚果给贝儿充充饥。咦？自己用小树枝给储藏室做的标记哪儿去了？他坐在雪地上想了一会儿，还是没有发现，冬天的林地和秋天的已经完全不同，大雪一落，什么都看不见了……

京宝灵机一动："对了！咱们去河里捉鱼吧！天气这么冷，估计水獭们也懒得管。"

奔奔和京宝在雪地里翻来翻去，找到了一根很适合做鱼叉的树枝。他们拖起躺在地上耍赖的贝儿，一起向河边走去。

冬天的河面被冰封住了，贝儿拍拍厚厚的冰层："这么厚的冰，就算水獭们不管，我也没力气下河去捉鱼啊！还是叫他们捉吧。"

幸好水獭们不需要冬眠，

河面上结了冰，他们正好从洞

穴里钻出来玩耍，有的在滑冰，有的在冰上打滚，玩得不亦乐乎，根本没注意到京宝他们。

京宝站在奔奔头顶上，朝河面喊："波波！涛涛！"

水獭波波最先听见京宝的叫声，回应道："是京宝啊，有事吗？"

京宝指指趴在地上的贝儿，喊道："江湖救急！可不可以帮我们捉两条鱼？这家伙快饿死了！"

波波往冰面上一趴，直接滑上岸。他回头看着河面："冰层太厚了，到下面捉鱼可不容易呀！"

奔奔问："你们需要什么，我们找来换，行吗？"

波波摇摇头："这个时候，一百捆树枝也换不到鱼！"

物以稀为贵

与大雁家的树莓干一样，鱼在冬天也成了"稀缺资源"。因为河面结冰，水獭们既不能结网捕鱼，也无法下河捉鱼了，所以供给的鱼的数量变得极为稀少，冬眠醒来的棕熊却需要鱼来充饥——这与一捆树枝换一条鱼的秋天，情况已经大不相同了。一种非常稀缺的资源，面对旺盛的需求时，涨价是不可避免的，有时候，甚至会出现"千金难买"的情形。经济学是一门以稀缺资源为研究对象的学科。因为资源具有稀缺性，所以才需要研究它的生产、分配、利用、调节，以使其达到最优效果，并尽可能地避免浪费。

相对稀缺与绝对稀缺

所谓"稀缺资源"不一定是绝对数量稀少。通常，在一定的时间或空间内相对稀缺，也属于"稀缺资源"。虽然冰面下还是有很多鱼，可是捕鱼的难度加大了，这就造成了鱼的相对稀缺。

同样道理，生活在城市中的我们很少感觉到用水困难，所以你通常不会想到"节约用水"有什么意义。可是，相对于我们人类的总体需求而言，地球上的水是绝对稀缺的珍贵资源。我们平时很少意识到水资源的稀缺性，很大一部分原因是我们国家对水资源进行严格管理的结果。假如既没有计划，也不加控制，那么许多地区的居民恐怕都享受不到安全而充足的水源了。

1

问：想一想，生活中有哪些"物以稀为贵"的例子？

2

问：生活中常常见到"反季水果"，比如冬天的西瓜就比夏天的西瓜贵了许多，能用我们学过的知识解释这一现象吗？

3

问：所有资源都稀缺吗？有没有不稀缺的资源？

你若想不出答案，书中的解密卡可以帮助你！

4 357的梦想

京宝有些沮丧地问："好波波，秋天的时候，不是几根树枝就能换一条肥鱼吗，现在怎么就不行了呢？"

水獭波波解释道："你别急嘛！不是我不讲道理，你看，冰层那么厚，我们也撒不了网了，不是不帮忙，是真的很难捉鱼了。"

"那你们没有囤货吗？"京宝喜欢把食物存起来慢慢吃，他认为水獭们也是一样的。

"鲜鱼放在洞里很容易坏掉，我们只有小虾和小蟹。不过……" 波波顿一顿，小声问，"加起来也不够贝儿吃吧？"

京宝心想，贝儿和奔奔威武健壮，平时吃得多，要填饱肚子还真不容易呢！虽然自己小小的，可是吃得不多，这样也挺好。

趴在地上的贝儿突然小声说："波波，你看起来也好好吃呀……"

"哎哟哟！"波波赶紧溜回冰面上，朝贝儿喊，"贝儿，你要是自己能捉鱼，请自便。不过冰层厚得很，你们挖的时候要小心啊！"

贝儿感觉越来越饿，奔奔玩不成打雪仗也有些沮丧。他们垂头丧气地正准备离开，忽然发现远处冰面上，有一个小小的身影在用力地凿冰，定睛一看，原来是 357！

"357！亲爱的357！"京宝高兴地冲过去，在冰上打了滑，一头撞在357怀里，"你在做什么？要钓鱼吗？"

"早啊，京宝！怎么可能，冰层这么厚，我自己哪里凿得开……我只是挖一些冰块带回去。"

奔奔也好奇地滑过来："你要冰做什么？能吃吗？"

357回答："不吃，带回去存在地洞里。"

奔奔还是不明白："咦？冬天什么都缺，就是不缺冰雪，干吗存这些东西？"

357得意地说道："我在地洞里存了一些鱼虾，需要冰块来保鲜啊！再说，冰块在冬天虽然不算什么，可是到了炎夏，就能派上大用场啦！"

"什么？有鱼？"听见"鱼"，贝儿爬了起来，"有鱼？好357，给我两条吃吧，我快要饿死了！"

"贝儿怎么这时候就醒了？真要命！"

京宝摸摸脑袋，害着地说："说来话长，是被我吵醒的……"

贝儿叹了口气："算啦算啦！357，你的鱼要拿什么换？我马上去找！"

357摸摸耳朵，灵光一闪："有了，你什么也不用找。贝儿、奔奔，你们帮我挖一些大块的冰，运回我的地洞里，鱼给你们吃个饱，行吗？"

奔奔点点头，紧接着又摇摇头："反正闲着也是闲着，帮你运就是了！早上我已经吃饱了，这会儿吃不下什么。把贝儿吵醒我也有责任，出力气帮他换些鱼是应该的。"

"成交！"贝儿不知哪来的力气，也跟着欢天喜地地挖起冰块来。

大块头有大力气，一会儿工夫，贝儿和奔奔就把冰块运回了 357 的地下仓库。357 藏冰的地洞都快装不下了，奔奔和贝儿干脆甩开爪子，帮他把地洞又挖大了一倍。"有大家帮忙可真好！"357 感叹道，"每一块冰都比我自己还要大，我就算拼命挖一整个冬天，也挖不来这么多！"

　　对奔奔和贝儿来说，这不过是小意思。贝儿吃了两条鲜冷肥鱼，心满意足地回树洞继续冬眠。奔奔却没玩够，他和京宝留下来，参观 357 的"魔法地洞"。357 端来了他自制的松叶茶和果仁蛋糕。

　　奔奔忍不住问："357，你这个小不点儿，可真了不起呀！这些奇怪的东西你都是从哪里弄来的？是被那种卷卷的风吹过

来的吗？"

"河边捡的、地下挖的，都有！大多数是在河对岸和城市老鼠换来的。那边有人类居住，危险一些，不过新奇玩意儿也多！"

京宝早就想问他："你一直收集这些东西，是因为好玩吗？"

357 摇摇头："当然不是！在人类居住区活动是一件很危险的事，找到有用的东西很不容易。而且，这些东西虽然是捡来的，我也是花了很多时间、很大力气才一点一点地搬回来的。整理干净，分门别类，研究它们的用处，更是一件费脑筋的事！可是，花这些时间和力气也是值得的，因为我的梦想是开一间便利店。等到春天，我就可以开张了！有了便利店，大

家就不用等到集市才可以交换了。而我，也能像水獭们一样，在家门口做生意，这不是很好吗？"

"357，你真棒，又聪明，又勤劳！我怎么就没想到呢！"京宝拍拍自己的脑袋。

"别急！我怎么会忘了你？有了便利店，你就可以把多余的松果、榛果、核桃、蘑菇，还有你用果壳做的茶杯、小碗，用树枝做的小家具放在我的店里，告诉我你要换什么就好了！"

"哈哈，谢谢好兄弟！"

"那我能干点什么呢？"虽然奔奔从来不用挨饿，可是他很容易觉得无聊，总想找些好玩的事情做。

"嗯……"357的一对大眼睛骨碌骨碌地转着，"今天我们的合作很愉快，嗯……不如下次我去河对岸的时候你陪我吧！有你在，别说城市老鼠，就连人类也不敢欺负我了！你想要什么都可以！"

奔奔小心翼翼地问："要好玩的新奇的玩具，行吗？"

"没问题！就这么说定了！"

他们三个开心地说说笑笑，果仁蛋糕和松叶茶热腾腾的香气从洞口飘散出来，给冬天的冰雪森林带来一丝暖意。森林居民们都热切地期待春天的到来，到那时候，鲜花会开遍森林大地，清澈的甘泉又会将小溪注满，大雁商旅队还会从南方带回香甜的野果……最重要的是，357的便利店要开张了！那里有数不清的新奇玩意儿，等着让森林居民们大开眼界呢！

劳动，也可以换来物品吗？

在我们的故事里，贝儿用采集和搬运冰块，从 357 那里换来了一顿饱餐。你认为贝儿的这顿饱餐是用什么来交换的呢？是那些冰块，还是贝儿的劳动？

其实都对！我们可以认为贝儿用自己的劳动获取冰块，用冰块换来了鱼——这与京宝采集松果，再用松果换取其他食物是一样的道理。

换一个角度，我们也可以认为这是一次以物易物。贝儿用自己的劳动所得，换取了 357 的劳动所得——357 的鱼也不是天上掉下来的呀！

付出劳动为什么能获取报酬?

劳动者付出的"体力"和"智力"虽然很难直接用金钱衡量,但最终会体现在商品中,因此劳动是有价值的。贝儿采集的冰块,最终会变成商品——冰镇果汁的一部分,出售给其他森林居民。可以说,这一杯冰镇果汁中的一部分价值是贝儿创造的。

同样道理,爸爸妈妈出去工作——无论是什么样的工作,都付出了智力或者体力,创造了价值。因此,爸爸妈妈的劳动也会获得报酬——工资。

哦!对了,别忘了!奔奔也付出了劳动,帮357采集和搬运了许多大号冰块,虽然他并不想吃鱼,但是他想让357找一些新奇玩具给他玩,这是非常合理的要求。奔奔付出了劳动,就可以获得报酬,当然了,报酬可以有很多种形式,鱼、玩具、工资,都可以。

1

问：大人们为什么要工作？

2

问：劳动可以创造哪些价值？你能举一两个例子吗？

3

问：放学回家帮忙做家务应当获得报酬吗？

你若想不出答案，书中的解密卡可以帮助你！

5 春天的集市

清晨，京宝在空气中嗅到了不一样的气味。风还是凉凉的，但是已经不像棕熊巴掌那样，仿佛要把他拍倒，而是像小鸟的翅膀似的，调皮地翻弄他的毛发，拨得他痒痒的。京宝想起妈妈说过，冰雪森林的秋天就是被北风给吹走的，春天是被温暖的东风给吹回来的。

京宝存在家里的粮食已经快要吃完了，不怕，鲜嫩的树芽已经迫不及待地拱出来，野花像冰河里的水泡一样，嘭嘭地在地面炸开，给冰雪森林织出一条清香的地毯。京宝在地面上跳来跳去，忽然发现几簇新钻出地面的树苗，他拍拍脑袋："原来你们在这里呀，可叫我好找！"

这几簇新苗的底下，就是京宝秋天存坚果的储藏室之一。因为下了大雪，京宝怎么也找不到储藏室的位置，没想到冬去春来，坚果发芽了！松鼠们是大森林里的"植树小能手"，广袤的冰雪森林里，许多树木都是京宝和他的祖先们有意无意种下的。

水獭们聚在堤坝上，学着用春草编渔网，多撒些网就能多网些鱼，跟森林居民换一些新鲜、粗壮的树枝，修补被春水冲破的家。

357选择了一棵被闪电劈倒的大树墩来开便利店——"鼠来宝"正式开业了！

中空的树干正好用来摆放那数不清的新奇玩意儿，身材小巧的森林居民可以毫不费力地走进店里，随意挑选；要是有像贝儿、奔奔这样的"巨型"顾客，357就打开他的旋转屋顶，让他们把头伸进来挑选。357会向每一位来访的客人问候一句："欢迎光临'鼠来宝'！"

旋开的层层屋顶变成露台，往来的鸟兽可以要一杯松叶茶，晒着太阳，慢慢品尝花瓣脆饼或果仁蛋糕。更绝妙的是，树根下有好几个巨大的地下仓库，与便利店相连，可以储存货物。357请贝儿、奔奔帮忙挖的冰块屋也在这下面，等到了夏天，露台茶馆就可以给往来的顾客供应冰镇果汁了。

刺猬扎克也被春天唤醒了，他伸伸懒腰，在鲜嫩的青草深处饱餐一顿，和京宝一起到357家帮忙。劳动结束，他们坐在树墩顶上，晒晒太阳，聊聊天。

刺猬扎克拍着小爪子说："357，你可真棒！我睡一觉的工夫，你的理想就实现啦！"

357摸着头笑道："嘿嘿，其实我已经准备了好几个春天……只能说又向目标前进了一小步。"

京宝不解："什么？这才一小步？"

"有一件事情，我一直没想清楚……你看，店里有这么多东西，怎么决定每样东西用什么来交换呢？……哎呀！我想不起来人类是怎样做的啦，我的脑袋要爆炸了！"357搓着脑袋。原来被人类改造过的白鼠也有想不明白的事。357感到问题的答案仿佛是蛋壳里的小鸟，随时能够破壳而出，可是就差在蛋壳上"啄"那一口。

"哦，我好像有点明白你的意思！"京宝说，"就算你给每个东西都规定了用什么来交换，太多了你也记不住啊！"

"是的！你看水獭家，树皮、树枝……甚至渔网，都可以用来换鱼。如果我也这样做，那就更乱套了……"357越想越头疼。

京宝想起秋天集市，提议说："不如别学水獭，因为他们只供应一种东西——鱼。我们想想，集市上那些供应好几样东西的，他们是怎么做来着……对了！大雁商旅队！他们来来回回带的东西都不一样，可是从秋天集市开始，都只收小鱼小虾，就是为了方便，吃完就出发！ 357你也只收你最喜欢的东

61

西就好了呀！"

357摇摇头说："这个主意虽然不错，可是我开便利店，就是想让大伙儿都方便。如果我只收自己想要的东西——比如花生，大家来买东西之前，还不是要东奔西跑去找花生？就像秋天的你一样，为了换一包树莓干，来来回回地跑了多少趟？"

"对呀，如果便利店不能提供便利，那还叫什么'便利店'？这不是个好主意。"京宝小声嘀咕着，

"而且就算所有东西都只能用花生来换，慢慢地，你的花生就会越积越多，最后你自己也吃不完，说不定还要坏掉……"

迷迷糊糊的刺猬扎克好像忽然醒过来，没头没脑地冒出一句："咦？你们还没去集市吗？早上我听兔子霹雳说，大雁商旅队回来了，不如我们去看看有没有什么好玩的。"

京宝点头同意："也对，我们在这里想破头，恐怕一时半会儿也想不出好主意来，干脆去集市上逛逛，说不定就有灵感啦！"

357 也点点头："嗯，大雁去过那么远的地方，见多识广，我们去聊聊，说不定能长见识。"

他们说走就走，不过路上他们总是忍不住停下脚步，因为春天的森林里简直太美了！春风吹走了寒冷和饥饿，当生存不再艰难时，森林居民们对美好生活的向往甚至超过了对食物的向往。

三个小伙伴采集各种颜色的野花，编成花环套在京宝的脖子上；他们把嫩叶扎成一簇簇，让 357 的老鼠尾巴变得和京宝的一样"蓬松"；扎克的背简直成了移动美术馆，他们把最美的野花和树叶都挂在他的背上……春天的冰雪森林是这样的慷慨，不仅给它的居民提供了丰富的食物和充足的水源，还毫不吝啬地分享美丽和欢乐。

就这样，他们说说笑笑地来到了集市。冰雪森林春天的集市和秋天的完全不同，秋天集市以食物为主，是给居民们过冬用的，而春天集市上除了食物，还有能带来美丽和欢乐的商品——果壳串起的风铃、藤条编织的吊床、浆果做的甜酱、花瓣制的颜料、枯枝烧成的笔、干草结成的网……没有一样是生活的必需品，却又似乎样样都是必不可少的！

　　三个小伙伴还没来得及欣赏那些有趣的玩意儿，就被一小团混乱吸引了注意力——原来是森林里脾气最暴躁的兔子霹雳，正在山鸡弟弟的摊子前面嚷嚷："一样是红豆换帽子，那边只要两包，你为啥要了我三包？"

京宝凑过去一看，原来山鸡弟弟将五彩羽毛粘在帽子上，光彩炫目，美丽极了！他想，这样美丽的帽子，要花费多少时间、多少心思呀！三包红豆其实是不多的。谁知道不远处，另有一位山鸡大哥也用同样的方法制作了五彩帽子，而且只要两包红豆就可以换到一顶，这下兔子霹雳可不高兴了。

山鸡弟弟委屈地小声解释道："我每年春天都来卖同样的帽子，一直收三包红豆，那位大哥是今年才来的，明明是他模仿我，倒像是我欺负了你……

你不高兴，我把红豆还给你好了。"

　　相邻的摊主——一位紫貂姑娘站出来说话："没错，我可以证明，一直是三包红豆换一顶帽子。山鸡弟弟的帽子在冰雪森林里很有名，在咱们集市上，你拿到任何一个摊位，都能换到你想要的东西。"

　　京宝不停地点头表示支持，扎克不停地打哈欠，他还是觉得困，只有357歪着小脑袋，好像想到了什么……

商品是用于交换的劳动产品

虽然秋天集市上已经出现了树莓干、谷粒这些东西，但是在春天集市上我们才真正用到"商品"这个词，比如"果壳串起的风铃、藤条编织的吊床、浆果做的甜酱、花瓣制的颜料、枯枝烧成的笔、干草结成的网"等等。一般的物品与"商品"有什么不同呢？

森林里的空气、阳光、水，都不能叫作商品，因为它们都属于大自然赋予每个人的，而且相对没有稀缺性。只有同时满足"劳动所得""用于交换""有用"这三个条件的，才可以被称为商品。

比如果壳、藤条、花瓣、枯枝、干草，这些都不是商品，但是经过小动物们的劳动加工，将它们变成好听的风铃、好用的吊床、颜料、笔和网，再拿到集市上去交换，就成为商品了。

价格的另一种决定因素

故事中，山鸡们用羽毛做的五彩帽子表面上看起来差不多，可是交换的时候山鸡弟弟的帽子要三包红豆，而山鸡大哥的帽子只要两包红豆，这是为什么呢？

商品的价格受许多因素影响，其中之一是商品本身的价值。若是仔细看，大家就会发现，山鸡弟弟的帽子羽毛颜色更美、粘得更为整齐精致，这是因为他制作帽子的时候投入了更多的时间和精力。与将羽毛随便粘在帽子上的山鸡大哥相比，如果山鸡大哥一天能够制作十顶同样的帽子，那么在同样的时间里，山鸡弟弟可能只能制作五顶。这就是我们常说的"慢工出细活""一分钱一分货"的道理。

1

问：请举出几个生活中常见的商品。

2

问：请举出几个不能称为商品的例子。

3

问：名牌商品通常比普通商品贵一些，这是为什么？

你若想不出答案，书中的解密卡可以帮助你！

小词典

以物易物

以自己拥有的物品，换取他人拥有的物品的一种价值交换模式。除了有形的物品，服务也可以用来交换他人的服务或物品。

集市

一种周期性的集中交易地点。集市的历史非常古老，而且今天依然存在。在以物易物的时代，集市为交易者们提供了很大的方便。

价格

商品价值的货币表现。

效率

单位时间内完成的工作量叫作效率。效率高即表示在同样的时间内，完成的工作量多。

稀缺资源

在一定时间或空间范围内，相对于需求而言，供给有限的资源。稀缺资源是经济学的研究对象。

物以稀为贵

事物因稀少且有益从而显得珍贵。从经济学角度可理解为需求超过供给从而推高价格的现象。

劳动价值论

一种经济学理论，它认为商品的价值是由劳动创造的。

商品

商品是用于交换的劳动产品。

一般等价物

从商品世界分离出来的、作为其他一切商品价值统一表现的特殊商品，是商品生产和商品交换发展到一定阶段的产物。

生活中的经济学

效率就是生命

在单位时间内完成的工作量被称为效率。渔网提高了水獭们捕鱼的效率，使他们能在同样的时间里，捕到更多的鱼。生活中，无论是学习还是工作，我们也都希望能够提高效率，更快、更好地达成目标。

提高效率，可以让我们在保证质量的前提下，用和别人一样多的时间完成比别人更多的任务，更早实现目标；或者可以让我们完成任务所花费的时间比别人少，以此节约出更多的时间自由支配，比如扩充知识、外出旅行、娱乐社交等，做自己感兴趣并想做的事。

在二十世纪八十年代改革开放初期，曾有一句源自深圳特区的口号，叫作"时间就是金钱，效率就是生命"。这句口号当时在全国各地广为流传，连小朋友都耳熟能详，突显出"效率"的重要性。

如果你问爷爷那一辈人，他们年轻时的生活是什么样的，他们或许会给你讲一些过去的故事，给你看一些老照片，你很容易就能感觉

到时代的变化。我们今天所享受的舒适和便利，是那个年代的人所无法想象的。在短短几十年时间里，中国人的生活发生了翻天覆地的改变，这背后不仅凝聚着几代中国人的辛勤汗水，与劳动生产"效率"的提高也是分不开的。

以传统制造业为例，中国从事手工生产者众多。劳动者们在长期的工作中，越来越熟练，不但劳动效率不断提高，而且质量愈加优良。不仅如此，国家还为制造业投入了大量的资金和技术支持，建立现代化的生产线，进一步提高了劳动效率。于是，"中国制造"的品牌美誉度和国际影响力也得到了显著提升，可见"效率"是中国经济发展的关键因素之一。

经济发展的重心是随着时代不断变化的。如今，虽然"时间就是金钱，效率就是生命"这句"古老"的口号人们已经很少提起，但是它对"效率"重要意义的揭示，它所代表的拼搏、奋进的中国精神，没有被遗忘。

图书在版编目（CIP）数据

我的财商小课堂. 钱从哪里来 / 龚思铭著；肖叶主编；郑洪杰，于春华绘. -- 北京：天天出版社，2021.7

（森林商学园）

ISBN 978-7-5016-1723-4

Ⅰ. ①我… Ⅱ. ①龚… ②肖… ③郑… ④于… Ⅲ. ①财务管理－少儿读物 Ⅳ. ①TS976.15-49

中国版本图书馆CIP数据核字(2021)第104581号

责任编辑：陈 莎　　　　　　　美术编辑：邓 茜
责任印制：康远超　张 璞

出版发行：天天出版社有限责任公司
地　址：北京市东城区东中街 42 号　　　邮　编：100027
市场部：010-64169902　　　　传　真：010-64169902
网　址：http://www.tiantianpublishing.com
邮　箱：tiantiancbs@163.com

印　刷：天津市豪迈印务有限公司　　经销：全国新华书店等
开　本：710×1000　1/16　　　　　　印　张：38.75
版　次：2021 年 7 月北京第 1 版　印　次：2021 年 7 月第 2 次印刷
字　数：416 千字　　　　　　　　印　数：5,001-10,000 套

书　号：978-7-5016-1723-4　　定价：188.00 元(共 8 册)

森林商学园

我的财商小课堂

价格的秘密

肖叶 主编　龚思铭 著

郑洪杰　于春华 绘

人民文学出版社 天天出版社

目　录

1 神奇的贝壳

大雁商旅队一边打开背包补货，一边打圆场："是呀！大家抬头不见低头见，何必着急上火呢！来，看看我们带来的东西。霹雳，你想要什么，就用这顶美丽的帽子来换，我们按三包红豆的数量换给你，好不好？"

兔子霹雳身子一扭，把帽子揽在怀里："不！我就要帽子。没欺负我就好，抱歉了！"话刚说完，他转身就挤了出去，他虽说脾气暴躁，还是讲道理的。他再走回另一家帽子摊前仔细一比，发现那位山鸡大哥的帽子的确是远不如山鸡弟弟做得精致，不仅羽毛的颜色没那么丰富，粘得也比较稀疏随意，使帽子看起来不那么光彩夺目了。难怪山鸡弟弟的摊子前又排起了队，而这位山鸡大哥却没什么生意。霹雳不再生气，戴着帽子高高兴兴地回家了。

回到大雁商旅队的摊子，除了来逛集市的森林居民，连卖东西的摊主们都被吸引了来——除了每年都有的海盐和鲜果，大雁们这次还带回了森林居民们从没见过的、异常美丽的东西！

"好漂亮啊！"

"这是什么呀？"

"从来没见过呢……"

森林居民们瞪大了眼睛，七嘴八舌地议论着。

"像老虎牙一样，又白又亮……"不知是谁说了一句，大家嘻嘻哈哈地笑起来，挤在其中的一位老虎小姐害羞地抓抓头。

领头的大雁托起一颗白亮的"虎牙"："这是南方云雾森林里流行的新玩意儿，据说是海鸥从遥远的大海边捡回来的。里面原本是有东西可以吃的，不过这外壳太漂亮了，大家吃完都舍不得将壳扔掉，都穿起来做成了装饰。南方的海鸥就用这些壳在云雾森林换走了不知多少

虫子……"云雾森林里没有冬天，那里的居民不用为食物发愁，于是有闲心打扮起来了。大雁们想，爱美之心，人皆有之，于是也在沿途的海边收集了许多，带回冰雪森林。

"那这东西有名字没有？"

"贝壳！"大雁打开一小包，将贝壳撒在深绿的芭蕉叶上，好像天上的繁星点点落在夜晚的草地上，美极了！

"这么美丽的贝壳，要用什么来换呢？"

京宝听见贝壳散落的声音时，就想要几颗，挂在树洞里，一定比果壳做

的风铃好听。

高大的驯鹿想要一串，挂在角上，走起来摇摇晃晃的，真美！

兔子想要上两小串，挂在长耳朵上当耳环。

树上的乌鸦想要三小串，让白亮的贝壳点缀她漆黑的羽毛，绝配！

有着彩虹般美丽羽毛的山鸡弟弟也想要，他总觉得自己的毛发太艳丽，
正需要些白色来调和……

总之，冰雪森林的每一位居民都想要赶一赶云雾森林的时髦。

京宝似乎还有些不放心，他问大雁："那秋天你们回来时，我能用贝壳换树莓干吗？"

大雁笑笑说："当然啦！你也不用先捡树枝，再辛辛苦苦地去换鱼啦，直接用贝壳就可以换。"

"可是……"京宝小脑袋一歪，"你们也不能靠吃贝壳飞去南方呀？"

357拍了拍京宝的脑袋："小笨蛋，亏你的脑袋还比我的大！大雁可以用贝壳在我们森林里换嫩草，到河边去换鱼虾呀！就算剩下多余的贝壳，带到云雾森林，同样也可以换到食物啊！"

"嘻嘻，是啊，我太笨啦……听你这样一说，这贝壳还真的不仅是美丽，还有大大的用处呢！"

大雁点点头道: "没错! 这就是我们带贝壳过来的目的。你们定居在森林里, 每年这么几次集市, 可能不觉得辛苦。而我们, 一年中从北飞到南, 再从南飞到北, 背着那么多东西太辛苦了。如果用贝壳在各地都能换到食物和栖息地, 我们也会轻松许多。"

"那秋天你们一定要带树莓干来啊! "京宝依然惦记他的树莓干。

"当然, 我们在北部高原的家离冰雪森林不远。还有, 春天

也依然会带海盐回来。但那些沉重又巨大的东西就不带了，沿途用贝壳换就可以了。"

来自南方大海的贝壳给冰雪森林的居民们带来了美，也将他们变成了懂得发现美、珍惜美、创造美的艺术家。

在温暖而食物充足的季节，森林居民们尽情装饰着林地的每一个角落。次第北归的大雁除了带来更多贝壳和海盐，还带来了旅途中的有趣故事。冰雪森林的春天没有冰雪，空气中飘着花叶的清香和大家的欢声笑语。虽然春天是短暂的，但也因此显得更加珍贵和美好，不是吗？

贝壳也解决了357的麻烦，不久之后，"鼠来宝"便利店顺利开张了。森林居民们在"鼠来宝"发现了比贝壳还要新奇的玩意儿。于是慢慢地，他们愿意拿出少量的贝壳，换一些更有趣的玩具，更美味的食物，或者更有用的小工具。贝壳虽然美丽，到底不能吃呀！

到了暮春时节，与南方的云雾森林一样，贝壳也可以在冰雪森林里换到几乎任何物品。最初有些居民还担心，自己手中的贝壳没法再换取食物。不过慢慢地，大家发现贝壳真是个好东西，既小巧轻便，又坚硬耐用，无论是带在身上，还是存在家里，都不用担心它像食物那样坏掉，还可以随时与其他居民换取自己需要的物品。

一枚枚小巧的贝壳，像魔法棒一样，让森林居民的生活出现了微妙的变化。可是魔法有好也有坏，这些贝壳除了美丽与便利，说不定也会带来些麻烦。谁知道呢！

货币——一种交换媒介

可以换来东西的贝壳有没有让你联想到什么？对了，就是我们生活中离不开的货币——俗称，钱！

与零散的交换行为相比，集市这种集中交易场所显然为人类提供了许多便利。即便如此，还是会出现许多"错位"，比如你拥有的东西偏偏换不来你想要的。为了提高以物易物的成功率，人们最初的办法是，先换来市场上数量较多、需求量也较大的中间产品，再用中间产品去进行其他交换。

在我们的故事中，大雁带来的贝壳，就成为了这样一种好用的"中间产品"，因为它是每一位冰雪森林居民都想拥有的宝贝，那么在集市上能用贝壳换到任何东西也就不奇怪了。在人类的历史上，生活必不可少的牛、羊、盐、稀有而珍贵的宝石等，都曾经作为货币被使用过，当然也包括贝壳。

贝壳真的可以当钱用吗？

这是真的！在人类的历史上，贝壳的确作为一种原始货币，被广泛地使用。每一块大陆上，都曾发现过"贝币"的痕迹，甚至连早期的金属货币，也被制成贝壳的形状。在远古时期，贝壳本身是一种稀有而美丽的装饰品，经过简单加工后可以佩戴，因此在很长一段时间里，贝壳既作为商品，也作为货币存在。

货币的出现除了给交易行为提供便利、携带方便之外，还有一个好处，那就是它方便储存。就像故事中的白鼠357，如果他便利店里的商品用花生来交换的话，大量的花生不仅吃不完，存起来还会坏掉。可是如果他收取贝壳的话，那么储存久一点也没有关系。

1

问：跟贝壳相比，我们现在用的钱或者电子货币，又有哪些好处？

2

问：贝壳的出现使交易方便了许多，但它也有一些缺点，想想有哪些？

3

问：贝壳能够成为一般交换媒介，有什么必要条件吗？

你若想不出答案，书中的解密卡可以帮助你！

2 大家都爱"鼠来宝"

冰雪森林的夏天可不像城市里那样炎热。正午时分最毒辣的阳光，在穿过层层叠叠的树叶之后也会变得温柔，像娇嫩的淡黄色花瓣一样，星星点点地洒在草地上。

357 的聪明和勤奋让他的两个小伙伴大受鼓舞。京宝和扎克不再只顾着玩闹，他们俩一个忙着采蘑菇，一个到处捉虫子。

松鼠京宝对冰雪森林太熟悉啦，很快就采到各种各样的蘑菇。刺猬扎克在草地上舞弄一番，背上就穿满了各种小虫子。

京宝在高高的松树上用树枝搭起一个平台，铺上布，把他们的劳动成果摊开，或晒着太阳，或自然风干，等它们变成蘑菇干和虫虫脆之后，就可以放到"鼠来宝"里等待售卖啦——京宝和扎克用贝壳在店里

买来了不少小玩意儿，眼看剩下的贝壳不多了，所以他们必须要靠自己的努力，想办法再获得一些贝壳。

蘑菇干和虫虫脆是 357 便利店里颇受欢迎的商品。特别是虫虫脆，有太阳味、野莓味、鲜鱼味、土壤味、雨水味、松叶味等数不清的新口味。这些都是属于冰雪森林的独特味道，所以连住在城市里的鸟儿们，都不远千里地飞来冰雪森林采购。

几天之后，京宝和扎克背着晒好的蘑菇干和虫虫脆来到"鼠来宝"便利店，

357翻开盖在桦皮篓上的树叶，松茸、香菇、榛蘑……个个香气扑鼻。他拿起一朵刺猬菇笑道："这朵长得还真像扎克呢！"

京宝看着扎克，也捂着嘴偷笑。

"品质极佳，我都收下啦！这些东西很快就会卖掉，所以不必担心。你们也把贝壳收下吧！"

京宝和扎克第一次靠自己的力量"赚钱"，捧着贝壳开心得不得了！他们舍不得离开，在"鼠来宝"里走来走去，看看又有些什么新奇玩意儿："我们都用贝壳在你店里买东西，那你现在是不是有好多好多贝壳呀？"

357端出榛果点心和冰镇野莓汁来招待他们——冬天采集的冰块，用处还真不少呢！

"没有想象的那么多。你们看，那群金翅雀——"357指指头顶敞开的露台，"用两枚贝壳买了谷粒饼干和松叶茶，我却要用五枚贝壳来买他们带来的这一大包玫瑰果呢！"

357接着说："在店里买卖还算方便，去河对岸进货才麻烦。我也想过像大雁那样，只带贝壳出门，所以试着拿了一些到河对岸去，想跟城市老鼠换些东西，谁知道他们并不稀罕贝壳，反而想要森林里的野果、蘑菇干和虫虫脆。所以我为了收购这些货物，又花掉不少贝壳。"

357掰着爪子继续数着："现在有奔奔陪我过河，对面的人类和城市老鼠都不敢欺负我。可是不能让奔奔白白出力啊，所以也要付给他一些贝壳作为报酬。"

原来经营一个便利店这么麻烦！春天以来，他们三个很少像以前那样聚在一起玩耍，京宝心里难免有些失落。现在看来，打理店面、清点库存、制作茶点，都靠 357 自己，他还要到河对岸去搜罗新奇商品，真是太辛苦了！

扎克也想到了这一点，他拍着胸脯说："357，经营便利店太辛苦了，有什么需要帮忙的尽管开口，我和京宝随时待命！"

京宝也拼命地点头。

"哈哈，那可太好了！我早就想邀请你们加入了，怕你们嫌麻烦。如果我们三个合作，那效率不知道要高多少呢！"

"嗯，就这么定了！"京宝点点头，"我们三个轮流，各值班一天，这样大家都可以工作一天，休

息两天。"

"不好!"扎克反对,"应该分早中晚,各自轮班。"

357 摇摇头:"我的想法是这样,扎克擅长与森林居民打交道,而且对店面的商品了如指掌,上次奔奔要的小玩具,我自己都忘了在哪儿,扎克一下子就找到了。所以扎克最适合留在店面,应付来来往往的顾客。京宝最细心,能将那么多复杂的东西分类储藏起来,贝壳的数量也从不会弄错,应该负责管理贝壳账目和地下仓库。"

扎克指着京宝笑道:"京宝经常连自己的地下仓库都找不到,秋天埋的坚果全变成树苗了!"

京宝满脸通红,假装生气道:"'鼠来宝'的地下仓库又不会自己

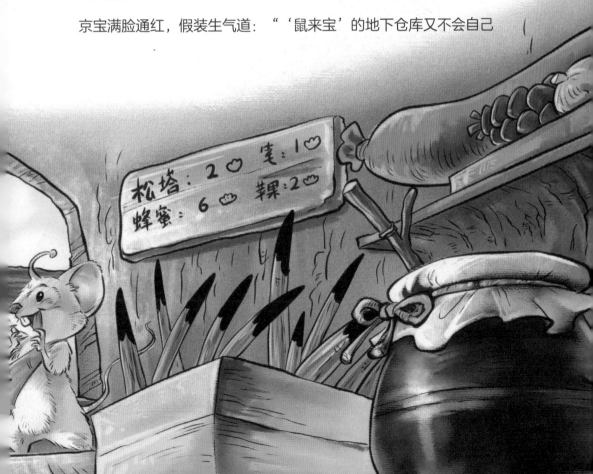

跑掉，怎么会找不到！"

"好啦，我相信他！"357 说，"有了你们两个留在店里，我就可以经常去河对岸，并且停留得久一些，寻找更多有趣的玩意儿，多在城市里长长见识；留在店里时，也可以专心制作茶点，把露台茶馆经营得更好。无论生意好坏，每到月圆之夜，店铺支付给你们一次贝壳作为工资，你们觉得怎么样？"

"对哦，这才叫分工合作嘛！"两个小伙伴一齐拍着脑瓜笑了。

有了京宝和扎克的协助，"鼠来宝"便利店生意越来越好，它给森林居民们带来了极大的方便。闲暇时，大家都喜欢到这个小店来逛逛。但 357 并不是冰雪森林里唯一会做生意的居民，这个夏天，不仅黄鼠狼们建起了一座养鸡场，狐狸家的游乐场也建好了。听到这个消息的小动物们都迫不及待地要去玩玩呢！

分工与合作

劳动分工是将工作按照职能、过程、种类等进行细分，让每个人专门负责一小部分自己擅长的任务，从而在整体上提高劳动效率的一种方法。

在我们的故事中，如果让三个小伙伴轮流经营便利店，那么他们每一位都要对店面、仓库了如指掌，还要管理进货流程，这样分散精力，很有可能筋疲力尽还无法兼顾。但是，如果他们分别负责自己擅长的工作，合力经营，那么工作就相对轻松，可以把便利店经营得更好。

分工合作有什么优点?

　　我们人类社会也是从单独劳动慢慢过渡到分工合作的。分工合作的优点，是劳动效率大大提高了。在现代社会，以汽车生产为例，这样复杂的工业产品，由同一个人生产零件，再进行组装，再到最后成为可以开动的汽车，几乎是不太可能的。但是工厂将整个生产过程细

分后，零件生产、检验、组装、喷漆等，都由专门的劳动者负责，甚至有专门的厂家负责生产部分机械部件——比如发动机，汽车生产的速度和质量都明显提高了。

　　可以说，分工合作是人类社会进步的一个里程碑。

1

问：日常生活中，你知道哪些需要分工合作的行业？

2

问：分工合作有哪些好处？

3

问：现代工厂里的"流水线"就是分工合作发展的结果。"流水线"作业有什么优点？有什么不好的地方？

你若想不出答案，书中的解密卡可以帮助你！

3 狐狸家的游乐场

河边不远处的一块林地，曾经是棕熊一家玩闹的地方。棕熊妈妈曾推倒了几棵树，让熊孩子们在宽敞的地面上摔跤。熊崽们长大后，这片地就荒废了。于是狐狸们向棕熊妈妈租借了这片空地，请驯鹿建筑队帮忙，用那些倒下的树干搭建了滑梯、秋千、迷宫、蹦床、林间飞车架、跳树机……建造了一座游乐场。

"都不要急！入场请付三枚贝壳。"狐狸歪歪给游乐场的门票定了价。

路过的鸟儿在树梢叫着："好贵呀！三枚贝壳，可以在'鼠来宝'买一包虫虫脆，喝一杯冰镇果茶，再吃一块点心了！"

可是聚在游乐场周围的森林居民经不住家里小朋友的央求，还是决定进去体验一下，不一会儿门口就排起了长队。森林里的小朋友们从来没玩过这些游戏，开心得不肯回家，第二天一早，他们又带着贝壳来游乐场了。

狐狸们也没有想到，游乐场这样受欢迎，赚贝壳原来这样容易！于是不久之后，狐狸们的眼睛红了："今天的入场费是五枚贝壳！"狐狸们的如意算盘是，有这么多小朋友喜欢游乐场，干脆趁机多赚些。

小兔子们抱怨着："什么？前些天还是三枚贝壳呢……妈妈只给了我三枚呀！"

水獭们也不高兴了："对呀！怎么能说涨价就涨价呢？'鼠来宝'便利店从来不这样！"

狐狸歪歪一撇嘴，没好气地说："今天开始就是五枚！入场抓紧，不玩就回家去！"

有些森林居民听说游乐场好玩，是从很远的地方来的，又不忍心看见自家小朋友失望，只能咬牙付了五枚贝壳。可是不少只带了三枚贝壳的小家伙只能气呼呼地走了，队伍一下子短了一半。

虽然游乐场里的游客少了，可是因为入场费涨价，狐狸

们的收入不仅没有减少，反而增加了。再加上游乐场内售卖零食和饮品，更是让狐狸们赚得盆满钵满。

狐狸们的眼睛更红了："我们要继续涨价！我们要成为冰雪森林最富有的家族！"他们聚在洞里，一边兴致勃勃地清点贝壳，一边野心勃勃地喊着口号。

经过一次月缺到月圆的时间，狐狸游乐场门口的游客已经不再是满脸笑容、满眼期待了，他们开始变得愤怒："太过分了，这才多久就翻一倍！"

"十枚贝壳！！"老虎妈妈没好气地说，"简直是一群强盗！"

棕熊妈妈也气呼呼地抱怨道："贪心加黑心！"

听说游乐场很好玩，这天357决定休息一天，和京宝、扎克一起来看看。谁知看到入场费涨到十枚贝壳，

三个小伙伴有点失望。

357小声说："虽然也不是付不起，总觉得不太舒服……"

"根本就不值得嘛！我们辛辛苦苦从月缺干到月圆，赚几十枚贝壳，怎么能一下子花掉这么多！回家！"扎克一生气，背上的刺也竖了起来，戳得京宝一激灵。

京宝揉着手臂点头赞同："我从月缺到月圆也花不了这么多贝壳呀，剩下的还想存起来呢。算了，回家！"

门票的确是太贵了，从远处赶来的游客一个接一个失望地走开，眼前的队伍也像冰锥碎在地上一样散掉了，狐狸们开始着急了——他们本以为最多再失去一半游客，钱不少赚，还乐得清闲，没想到居然几乎全部走掉了！

眼看游客越来越少，狐狸们只好降价。

"哎哎哎，别走呀！可以商量嘛……今天只要八枚，八枚怎么样？"狐狸

歪歪开始变得"好商量"了。可是，游客并没有明显增加，游乐场生意惨淡！

"五枚！五枚！今天只要五枚！"奇怪，票价降回去了，可是游客依旧远不如原来多。大家一定憋着气，不愿意再到游乐场来玩了。

"三枚……三枚……哎呀，两枚好不好……"狐狸们在林地中四处宣传，想拉回一些游客，可是大部分游客还是扭头走开了。

"一枚！一枚！！"游乐场入场费降到一枚贝壳了，狐狸歪歪简直要哭了，"真的不能再便宜了……"

"真的？"听到"一枚"，大家纷纷停下脚步，开始呼朋引伴。

歪歪无奈地说："真的，真的，回来吧……"

"哟吼！"大家欢呼雀跃起来，纷纷掏出贝壳，拥入游乐场。空空如也的游乐场瞬间热闹起来。不，简直是沸腾！

"林间飞车"上装了太多游客，狐狸们拖不动，根本"飞"不起来，大伙儿抱怨道："比乌龟爬得还要慢！"蹦床上已经挤满了，京宝差点被小老虎、小狼这些大一点的动物踩在脚底下。好容易爬上滑梯的357还没有坐好，

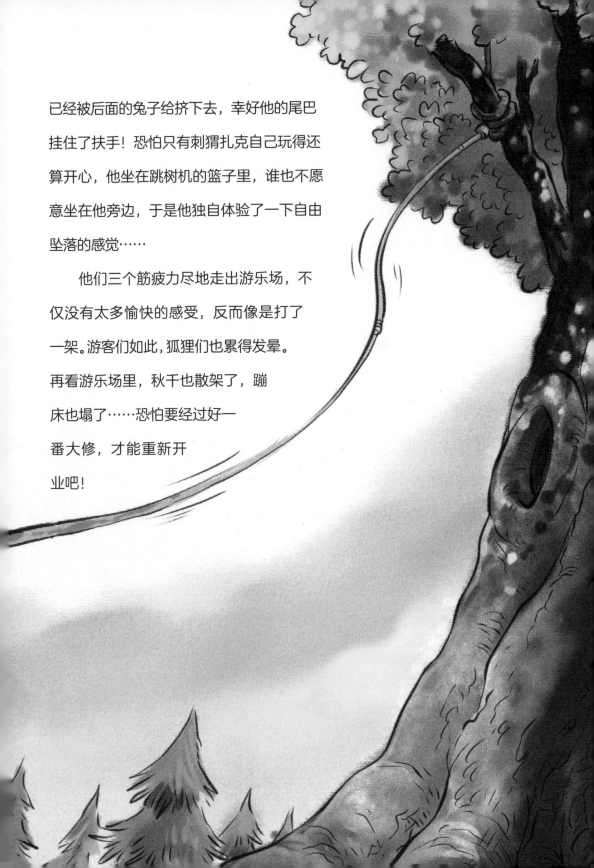

已经被后面的兔子给挤下去，幸好他的尾巴挂住了扶手！恐怕只有刺猬扎克自己玩得还算开心，他坐在跳树机的篮子里，谁也不愿意坐在他旁边，于是他独自体验了一下自由坠落的感觉……

他们三个筋疲力尽地走出游乐场，不仅没有太多愉快的感受，反而像是打了一架。游客们如此，狐狸们也累得发晕。再看游乐场里，秋千也散架了，蹦床也塌了……恐怕要经过好一番大修，才能重新开业吧！

357 感叹道："都是贝壳惹的祸！"

京宝和扎克不明白："为什么这么说呢？"

"歪歪不是一直在我们店里订零食和冰镇果汁吗？他问过我，做生意是不是赚了很多贝壳。我说是，不过进货、上架、打理店面什么的也很辛苦，没有'一劳永逸'的生意。谁知道他们就想出了涨价的点子。其实如果老老实实做生意，认认真真经营，游乐场是个很棒的生意呢。可惜，他们太贪心了！"

京宝说："他们一定是太想'一劳永逸'了！"

"哪有那么容易的事呢，一分耕耘，才有一分收获嘛！"扎克笑道，"看他们以后还敢不敢胡乱定价了，哈哈哈！"

价格真是神奇，表面上看起来，它似乎是由卖家决定的——"鼠来宝"里，每一件商品都是由 357 来定价，顾客们好像也没有什么意见；可是狐狸们给游乐场门票的定价，森林居民们怎么就不满意了呢？仅仅是因为狐狸们贪心，胡乱涨价吗？

不过一天工夫，狐狸家的游乐场

就从原来的"井井有条"变成"一片狼藉"，狐狸们也不知跑到哪里去了。

不过，森林居民们很快就不再谈论游乐场的事了，因为他们又开始忙碌起来。

他们有的在辛勤劳动，准备在秋天集市上多赚一些贝壳，购买过冬的食物；

有的受到"鼠来宝"和狐狸家游乐场的启发，也打算做一些小生意，勤劳致富。

现在，因为贝壳可以被当作财富储存起来，森林居民们的生活习惯似乎

也有了一些改变：大家不再只顾眼前，不顾明天，而是希望拥有更多的贝壳，

以备不时之需，使生活更加有保障。小小的贝壳给冰雪森林带

来的变化还在继续，夏去秋来，这里又会发生什

么故事呢？

小贴士

供给与需求

"供给"和"需求"是经济学中两个最基本的概念。在市场上，产品和服务的提供者属于供给方，相应的购买者就是需求方。

注意，除了看得见、摸得到的产品，服务也存在供给和需求。在"鼠来宝"里出售的食品、玩具，357是这些商品的供给方，而去便利店买东西的居民们就是需求方。在狐狸家的游乐场，狐狸们是游乐设施与服务的供给方，去游玩的小动物们是需求方。

价格的另一个决定因素

在前面的故事中我们说过，商品本身的价值是决定价格的因素之一。不过在市场上，价格最直接的决定因素是供求关系，可以理解为供给和需求的力量对比。如果一种商品供大于求，那么价格就会下跌；如果供不应求，那么价格就会上涨。

在我们的故事中，狐狸家的游乐场是冰雪森林里唯一的娱乐场所，小朋友们都想进去玩，所以即使狐狸定的价格有点高，甚至涨过一次价，还是有游客愿意去。这正是因为，森林里的娱乐服务"供不应求"。

不过，即便在供不应求的情况下，供给方也不能为所欲为。因为游乐场并不是快要饿死时的一顿饭，不玩也没什么大不了。因此，当狐狸们漫天要价时，森林居民们就干脆不去玩了。

1

问：供求关系能够在一定程度上决定价格。反过来，价格会影响需求吗？

2

问：假设，游乐场门票是四枚贝壳时，游客数量正好。那么，如果狐狸们想让游客再多一些，游乐场再热闹一点，他们应该怎么调整价格呢？

3

问：你认为，狐狸游乐场的失败有哪些原因？

你若想不出答案，书中的解密卡可以帮助你！

4 一日暴发户

夜幕降临，冰雪森林的深处，狐狸们正在月光下举办庆功宴——虽然游乐场毁了，可是狐狸们还是发了大财！在游乐场外出售门票的狐狸歪歪向他那些在游乐场内四处兜售零食和饮料的兄弟姐妹报告开业以来的收入情况，并上缴归公。

歪歪首先报告门票收入："咳咳，向大家汇报一下游乐场开业以来的门票收入。"他拖出一块小黑板，上面详细列出了游乐场门票的价格和销售数量：

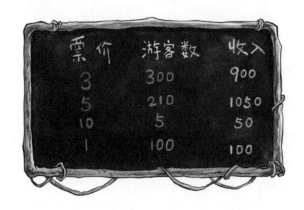

票价	游客数	收入
3	300	900
5	210	1050
10	5	50
1	100	100

歪歪点点小黑板："两次月圆的时间，门票总收入2100枚贝壳。"他挥挥爪子，两只小狐狸拖着一只硕大的树皮篓子，哗啦一声倒在地上，白花花的贝壳像冬天的雪片一样散落在草地上。

"哇——"狐狸们齐声惊叫。

"哟吼！发财啦！"狐狸们噌噌地跳起来，"这可比去集市上卖东西赚得多哩！"

"发财啦！发财啦！我们是森林里最富有的家族！"

林地上，月光下，欢声笑语，此起彼伏。狐狸们的叫声引来了几只看热闹的猫头鹰，他们静静地站在树梢上观望。

"大家静一静！"歪歪示意大家保持安静，他得意地说道，"大家别急着兴奋，这里还有一笔收入呢！"

狐狸们坐下来，竖起耳朵聆听。

"从'鼠来宝'里订的水果、蛋糕、虫虫脆、蘑菇干，销量极佳！几乎每天都卖个精光！当然啦，卖得最好的还是冰镇果汁，几乎每位游客都要买上一到两杯，简直供不应求呢！"

"哈哈！太好啦！"

"赚翻啦！"

"红红火火！"

歪歪挺着胸脯，得意扬扬地又挥挥爪子，两只小狐狸拖出另一只树皮篓子。又是哗啦一声，亮闪闪的贝壳像冰河水冲过石头时激起的浪花，碎玉一般地

散开来。

"发达啦！发达啦！"

"我们是快乐的暴发户啊，吼——嘿！"狐狸们居然用"暴发户"来赞美自己，树上的猫头鹰笑歪了头。

"咳咳！"歪歪清清嗓子，"这些贝壳，是靠我们的智慧和力量赚来的，是整个家族共同劳动的回报。以后，我们可以在冰雪森林里挺起胸脯，无论白天黑夜，都可以光明正大地走在路上。谁也不能再说，咱们狐狸是靠'偷鸡摸狗'为生的一家子！"

"说得对！"

"说得好！"

"狐狸不是穷光蛋！我们要正名！我们要得到尊重！"狐狸们亢奋起来。

"很好！"歪歪两爪一搭，做出了一个"停"的手势，"既然这些贝壳是我们大家齐心协力赚来的，那么就要平均分配。大家有意见没有？"

狐狸家族的所有成员都参与了劳动，他们交头接耳，小声嘀咕一阵，都表示同意。于是，歪歪在所有狐狸的见证下，清点贝壳，平均分配下去，狐狸们一片欢腾。

狐狸们的心之前一直是虚的——不晓得为什么，狐狸们的名声总是不太好。因为怕被议论，所以他们总是昼伏夜出，小心地在森林里出没。现在不同了！游乐场在白天也一度被他们经营得很好，森林居民们并没有因为游乐场是狐狸家开的，就拒绝进入。现在，狐狸们已经成了大富翁，有什么理由

不得到森林居民的尊重呢?

第二天一早,狐狸们兵分两路——歪歪一队向西,另一队向东——破天荒地在白天大摇大摆地沿着森林大道深入林地。除了经营游乐场这段时间,还没有谁在白天的林子里见过狐狸。他们一个个趾高气扬,下巴朝天,步子也迈得老大,狐狸尾巴更是像扫帚一样甩得老高,恨不得把地面上的小石子都卷起来。他们也不像从前那样溜着树根或者伏在草丛里悄悄地挪动,而是专挑显眼的地方,好像生怕别的森林居民看不见他们似的。

往东的队伍里,一只狐狸得意地小声问:"喂!你说大家知不知道,我们现在是冰雪森林里最富有的家族?"

另一只咧嘴一笑:"笨蛋!你没听说过'财大气粗'吗?不喘几口粗气,谁知道咱们发财了?"

"说得对!"两只狐狸故意迈开大步快走,呼哧呼哧地喘着粗气。别的狐狸也有样学样,呼哧呼哧地大步前进,就好像一辆行驶的火车头。与他们擦肩而过的其他森林居民都忍不住笑出来。

狐狸们不明白:"怎么还是笑话我们呢?喘这样粗的气了,还显示不出咱们有钱吗?"

一只小狐狸咬牙切齿地说:"得给他们点颜色看看!"

这一支狐狸小分队最终决定用挥金如土的方式来彰显财富。他们找到山鸡弟弟,把他为下一次集市准备的五彩羽毛帽包圆儿了;他们在紫貂小姐家,挑选了最上等的桦皮背包;他们还买了晶莹剔透的宝石项链、流光溢彩的翎毛披肩、雕花精美的硬木家具……贝壳花光了也不回家，他们还要在林子里继续喘着粗气"游行"上几个来回，滑稽的模样引得大家窃窃私语。

小狐狸惊叫道："他们还在笑话我们呢！"

"笨蛋！"老狐狸笑道，"现在他们是在羡慕我们呢！"

其实狐狸们一向"深居简出"，大家只是不习惯大白天的在林地里见到他们而已，既不会骂他们，也不会笑话他们，更没有羡慕他们，一切不过是狐狸们自己的想象罢了。要说有谁真的议论了狐狸们几句，那就是在他们建造游乐场时出了大力气却还没拿到报酬的驯鹿建筑队，借出了自己领地却还没收到租金的棕熊妈妈，提供了大量零食和饮料却没等来狐狸们结账的"鼠来宝"，一直给狐狸们解决伙食自己却欠了一屁股债的黄鼠狼养鸡场！所以，

在森林西区游荡的这一队狐狸就没那么顺利了！

狐狸歪歪大摇大摆地走进"鼠来宝"，一本正经地在柜台上排出十枚贝壳："顶级刺猬菇、高品质浆果、大师级蜥蜴干、豪华青蛙脯、旗舰松叶茶，各来两份。哦——要最贵的！"

刺猬扎克差点笑出声来。歪歪哪里来的那么多词儿，又是"顶级"又是"豪华"的，还得强调"最贵的"，根本就只有一个价格嘛！出于礼貌，他憋着笑应了一声，转身去给歪歪拿货。

啥叫成本？赚钱咋变成花钱啦？

店里样样东西都有成本呀！

收购零食、饮料原材料和换玩具的钱，京宝、扎克的工资，这些都是成本啊！

糟了！全给忘了！

炫耀性消费

狐狸家族靠经营游乐场成了"暴发户"，他们迫不及待地想摆脱不太光彩的形象，期待通过"炫富"来获得其他森林居民的尊重。因此，他们购买"晶莹剔透的宝石项链、流光溢彩的翎毛披肩、雕花精美的硬木家具"这些昂贵的商品，想告诉大家，他们是富有的。

这种以彰显财富为主要目的的消费，称为"炫耀性消费"。人们购买珠宝首饰、昂贵的名牌，都属于这类消费，而这类商品就是我们常说的"奢侈品"。

奢侈品与一般商品的区别在于，它们大多不是必需品，而且价格可能远远超出了本身的价值——比如名牌包包和一般的包包，功能都是装随身物品，但是名牌包包的价格却是普通包包的几十倍甚至上百倍。

当然啦，"奢侈"的标准是相对的，对有些人来说，"大名牌"并不昂贵，我们应当尊重每个人的消费习惯。不过有一条原则可以作为参考，那就是消费应当与收入水平相匹配，盲目追求奢侈品和过度的"炫耀性消费"都是没有必要的。你看，狐狸们的"挥金如土"也并没有获得森林居民的尊重，不是吗？

生活必需品

为了维持我们的生命和基本生活，有一些东西是必不可少的。比如没有食物，我们就无法维持生命；没有衣服穿，我们就没法出门。这些维持生命体征和基本生活需求的基础物品，叫作生活必需品。

与奢侈品不同的是，生活必需品消费不是为了心理满足，而是生理和生活需求。无论我们的经济条件如何，都会首先满足生活必需品开销，再考虑其他消费。我们当然希望，生活中既有充足的必需品，又有足够的钱进行其他的消费活动，比如——买首饰、买玩具等。但是假如我们不幸遭遇财务危机，手中的钱已经不多了，那该怎么办呢？答案一定是把有限的钱先用于购买食物，支付生活成本，而不是去买首饰或玩具，对吧？

你看，同样是消费，消费在什么地方也大有讲究——如果你从来不用为生活发愁，又有漂亮衣服和数不清的玩具，甚至可以去旅行，那么你真的是一个非常幸福的人啦！

1

问：狐狸们为什么要购买昂贵的珠宝？

2

问：普通腕表和高档腕表在功能上有什么不同？

3

问：狐狸们把赚来的贝壳平均分配下去了，这样合理吗？

你若想不出答案，书中的解密卡可以帮助你！

5 吃一堑，长一智

原本想用"挥金如土"来获得尊重的狐狸歪歪在"鼠来宝"里碰了一鼻

子灰——拍在柜台上的大把贝壳不但没买来"顶级""豪华"商品，反而瞬

间欠了一屁股债！

与此同时，其他狐狸们也正在到处碰钉子——

听说狐狸们白天出洞了，驯鹿建筑队队长鹿游原，赶紧带着队友们出门讨债。他们辛辛苦苦地从上弦月干到下弦月，眼看着游乐场从开业到倒闭，狐狸们居然一个贝壳也没付过！

糟糕的是，有狐狸撞见了棕熊一家——没错，游乐场就建在他们的领地之上。除了没考虑过"租金"这回事，废弃的游乐场现在依然一片狼藉。棕熊一家显然是在"守株待狐"。

太丢脸了！狐狸们恨不得原地打洞钻进去，再也不出来！刚刚还得意扬扬的他们，在还了这几处欠款，并承诺一定将棕熊家领地清理干净后，瞬间变得垂头丧气。难得当一回"暴发户"，能够在光天化日之下，大摇大摆地走在森林大道上，结果不仅抖空了腰包，还得溜着树根、伏在草丛中爬回去！

来黄鼠狼养鸡场买鸡的狐狸们也好不了哪儿去。"如果今天不把之前欠下的账付掉，以后就不要想吃鸡了！"养鸡场场长阿黄一点也不客气。他本以为狐狸们会像其他客户那样，到期自觉付款，谁知他们竟忘得一干二净！

从东边回来的一队狐狸，看见灰头土脸、跌跌撞撞爬回狐狸洞的西边一队，简直吓了一跳。两队狐狸一聊，才悔不当初。兴建游乐场这个点子让他们头脑发热，大把大把的贝壳又使他们兴奋过度，竟然把"成本"一事抛在脑后——所谓"利令智昏"，就是如此了！

狐狸歪歪已经把身上带的钱全数付光了，也算还了一些债务。可是去东边那一队呢？他们早把钱全花光了！

接下来大家靠什么过日子呢？这五彩的羽毛帽、漂亮的桦皮包、晶莹的宝石链、光彩的毛披肩、雕花的木家具……这些金光灿灿、光彩夺目的东西顷刻变得毫无用处，既不能吃，也不能喝，就算拿去抵债，对方愿意接受吗？想到这里，狐狸们不禁悲从中来，忍不住呜呜地哭了起来。

此时，圆头圆脑的狐狸阿呆哼着小曲回来了。因为他一向有些木讷，做事情总是慢半拍，大家都觉得他有损狐狸家族的威风，所以早上两队狐狸都不愿意带他。阿呆也不介意，开心地拿了贝壳自己出去玩。看见洞里哭倒一片，

阿呆歪着脑袋问："这是怎么了？"

老狐狸边哭边说："阿呆，咱们

的贝壳全没了！"

"哈！还以为什么了不得的事呢！那么一大堆，数都数不过来，花光了干净！"阿呆倒是个乐天派。

狐狸阿瘦呜咽道："明天恐怕连肚子都填不饱了！"

还没等阿呆开口，歪歪先问他："阿呆，你今天跑哪儿去了？分给你的贝壳呢？"

阿呆笑嘻嘻地回答："花了啊，我厉不厉害？"

歪歪真是哭笑不得："那么多贝壳……在哪里花掉的？"

"河边啊！我看河边热闹，就跑过去玩了。"

"这个季节，河边有什么好玩的！"狐狸们感叹道，阿呆还真是呆。

"好玩！"阿呆大声说，"河边挂着个大招牌——河里捞，水獭们搞的新玩法！"

歪歪越发好奇了："河里捞？捞什么？"

"捞鱼呀！自助式捞鱼，可好玩啦！"阿呆可没开玩笑，这的确是水獭们的新点子。夏天森林里物产丰盛，鲜美可口，森林居民们很少到河边去买鱼，水獭们捉到鱼也常常卖不掉。看见狐狸游乐场生意红火，水獭们于是想

出这个"河里捞"的主意——只要付一枚贝壳，就可以自己潜到水里去捞鱼，时间不限，捞不到不收钱，果然吸引了不少森林居民。自己下河捞鱼既新鲜又有趣，河水还清凉无比，这简直太棒了！

"你居然会自己下河捞鱼？你捞到了吗？"大家都知道，阿呆连蝴蝶都扑不到，哪里会捉鱼。

阿呆果然摇摇头，挤眉弄眼地描述起自己的事迹："我在河里泡了一整天，最后就剩下我自己了，可还是一条鱼也没捞到……可把那群水獭给愁坏啦！他们趴在岸边喊：'求求你啦，阿呆，上来吧！我们要收摊啦！'我说：

'不行！我付了一枚贝壳呢，现在上去可就亏啦！'"

"这倒不意外，是你的风格！"

"那后来呢？"

阿呆害羞地笑道："说到捞鱼，到底是水獭们厉害，水獭波波跳下河，随便一捞就捞到一条鱼，把鱼给我让我赶紧回家！"

"我可给了你整整一小包贝壳呢，你就花了一枚？"歪歪残存着最后一丝希望，这可是一大家子最后的救命稻草。

可是阿呆摇摇头："我看水獭波波那么厉害，就把所有的贝壳都给他，让他帮我捉，我就可以带鱼回来，跟大家分享呀！"

"那鱼呢？鱼在哪里？"大家殷切地看着阿呆，这小家伙不会"鱼财两空"吧？

阿呆从小包包里面翻出一沓三角形的薄树皮，上面画着水獭的爪印——不过只有半边："水獭们说，我给的贝壳太多了，全部换成鱼的话，就算咱们全家也吃不完，所以给了我这些鱼券。你们看……"阿呆举起一张三角形的树皮，"另一半留在水獭那里，两片合在一起，能拼出一个完整的水獭爪印，这样的一张鱼券可以换四条鱼。"

狐狸洞里一下子安静下来。然后，大家突然把阿呆抱了起来！

"谁说阿呆呆啦！"

"我们阿呆最聪明啦！"

"阿呆你太棒啦！"

"阿呆是我们家的大英雄！"

大家把阿呆捧起来，不停地欢呼，有的笑中带泪，有的泪中带笑。

对于狐狸家族中的每一位成员来说，这一天都太不寻常了，简直像他们

发明的"林间飞车"一样大起大落。头脑发热、随意涨价、忽视成本、过度消费，

让他们在两次月圆之间，体验了从"一夜暴富"到"负债累累"的整个过程。现在，阿呆带回来的"鱼券"成了他们最后的安慰。狐狸们能重新振作吗？他们会吃一堑，长一智，从失败中总结教训吗？

春生夏长，秋收冬藏。一年四季就这样在冰雪森林的红松、白桦间偷偷溜走了。

贝壳的出现给森林居民带来了翻天覆地
的变化，下一个秋天到来之时，这
里又会发生什么有趣的故事呢?
让我们和冰雪森林的居民们一
起期待吧!

什么是成本？

成本是为了生产商品或提供服务所付出的代价，一般用货币来表示。

从前面的故事我们已经知道，"鼠来宝"便利店里的许多商品，都是357用贝壳换来的。这些为了获取商品所花费的钱，就是357为经营"鼠来宝"所付出的一类成本。松鼠京宝和刺猬扎克作为"鼠来宝"的工作人员，付出了劳动和时间，357也需要支付工资给他们——这同样是成本的一部分。

至于狐狸们的游乐场，场地租金、购买建筑材料、驯鹿建筑队的劳动报酬、工作人员的伙食费、购买零食和饮料的花销……这些都是必须考虑的成本。他们所赚到的那些钱，必须扣除成本之后，才是可以分配的部分。可惜，他们忘记了成本，以为到手的钱都属于自己，开心得太早啦！

当然啦，成本也有很多不同的类型，我们在以后的故事中会慢慢介绍。在此之前，你可以留心观察我们生活中的那些经营者，无论经营超市、餐馆、商场、电影院、游乐园，还是离我们比较远的生产各种产品的工厂……它们的经营都少不了成本。而我们买东西、吃饭、看电影所付的钱，要扣除各种成本以后，才是经营者真正赚到的钱——利润。如果只看见到手的钱，而忽略了成本，那可就像狐狸们一样，要有大麻烦啦！

商家为什么总是鼓励你"充值"？

故事中，狐狸阿呆用贝壳换来了"河里捞"的鱼券，鱼券可以在未来一段时间内，换来水獭家的鱼，是不是有些熟悉？

我们日常购物的时候，经常遇到商家推出"充值"或"储值卡"活动，有时候还会通过"买800送1000"，或者"充值打折"的方式，鼓励顾客购买。你有没有想过这是为什么呢？

对商家来说，一旦顾客购买了充值卡，就等于他们提前赚到了钱，因为充值卡里的"余额"与现金不同，你是没办法到其他地方消费的。所以，为了提前"锁定"客户和销售收入，商家宁可做出一点让步。

不过对于消费者来说，充值卡虽然有折扣，但通常很难退款，而且也不像现金一样使用自由。所以下次有人向你和爸爸妈妈推销各种"充值卡"的时候，你可以帮他们判断一下，到底是不是真的有必要买。

1

问：被狐狸们忽略的成本有哪些？

2

问：哪些钱才是真正属于狐狸们的？

3

问：水獭们充分利用资源，通过新的经营形式和消费体验来招揽客户。除此之外，利用我们学过的知识，你还能想出其他提高销量的办法吗？

你若想不出答案，书中的解密卡可以帮助你！

小词典

货 币

货币俗称"钱"，它是交易的媒介物、储藏财富的手段，也是衡量价格的工具。

分 工

分工是组织劳动的一种方式，它是指让每位劳动者负责生产环节的一部分，再通过不断提高技术熟练程度，从而提高整体劳动效率的一种手段。

供 给

在特定时间内和特定价格下，某一个市场上，生产者愿意且有能力提供的商品或服务数量。

需 求

在特定时间内和特定价格下，某一个市场上，消费者愿意且有能力购买的商品或服务数量。

供不应求

某商品或服务供给量小于需求量的状态，可能会引起商品或服务价格上涨。

供过于求

某商品或服务供给量大于需求量的状态，可能会引起商品或服务价格下跌。

生活必需品

生活必需品是维持生命体征和基本生活需求的基础物品。

炫耀性消费

炫耀性消费是指以彰显财富、身份、地位为主要目的的商品或服务消费。

成 本

生产和经营活动中，资源消耗的货币表现形式。扩展到生活中，为达到某种目的而付出的代价，也可以视为成本。

生活中的经济学

经济学有什么用

相对于人类不断增长的需求来说，地球上许多资源，都是十分稀缺的，比如食物、能源、安全舒适的住所……那么，如何分配有限的资源就成了一个巨大的难题——经济学就是研究如何分配稀缺资源的学科。经济学离我们的生活并不遥远，小到日常生活，大到国家大事、世界形势，都或多或少会涉及一些经济学原理。

比如，大多数家庭的主要经济来源是工资收入。爸爸妈妈用劳动换取的工资，来支付生活中衣、食、住、行等各种开销。由于工资收入在一段时间内是有限的，属于"稀缺资源"的一种。这意味着，假如某一方面开销多一些，那么其他方面就不可避免地少一些。所以，怎样分配工资收入，既能保证基本生活需要，又可以有一些娱乐活动，还能留下些存款以备不时之需呢？这就是爸爸妈妈面对的一个经济学问题。

除了我们的小家庭，祖国这个大家庭也面临着同样的问题。一个国家在一段时期内的"收入"也是有限的，既要保证国家安全、经济发展，

也要保证人民生活幸福——国防、基础设施建设、社会福利、教育、医疗……这方方面面都是要用国家的"收入"来支付的。如果国家的"收入"没有分配好，或者"入不敷出"了，那么就可能发生经济危机，甚至出现更加严重的后果。这是国家需要研究的经济学问题。

再说我们自己。虽然我们还没有"工资"，但我们也有一样宝贵的"稀缺资源"——时间。一天只有 24 个小时，人的一生也不过几十年时间，要知道时间的分配也是"这里多一些，那里就要少一些"，多玩一会儿游戏，睡觉或者学习的时间就要少一点。现在，你明白为什么说"时间是宝贵的"了吗？如果你懂一点点经济学，你就会明白，时间是属于我们每个人的非常珍贵的稀缺资源！你可以想一想，每一天、每一年、一生……你想怎样分配自己的时间呢？时间虽然不是经济学的研究对象，但是对我们来说，这也算是一个值得研究的经济学问题。

掌握一些经济学常识，可以帮助你更好地分析问题，更好地理解我们所生活的世界。

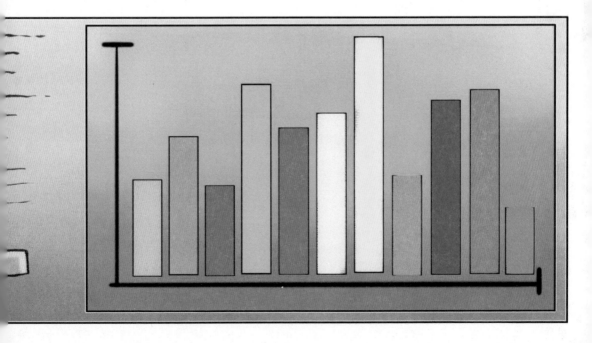

图书在版编目（CIP）数据

我的财商小课堂. 价格的秘密 / 龚思铭著；肖叶主编；郑洪杰, 于春华
绘. -- 北京：天天出版社, 2021.7

（森林商学园）

ISBN 978-7-5016-1723-4

Ⅰ. ①我… Ⅱ. ①龚… ②肖… ③郑… ④于… Ⅲ. ①财务管理—少儿
读物 Ⅳ. ①TS976.15-49

中国版本图书馆CIP数据核字(2021)第104568号

送给拥有财富梦想并

有着无数好点子的：

_____（你的名字）

FINANCIAL PLANNING

全年版　理财计划

你可以用这本手册做什么

- 年度理财规划：给自己定个目标
- 年度财富盘点：发现自己的变化
- 我的理财手账：记录每一笔财富
- 财富知识链接：给自己的大脑充电
- 实战财富演练：迎接全新的自己

第一步：先给自己定个小目标吧

年度理财规划

＿＿＿＿＿ 年度理财规划

我的理财宣言：

我宣誓——

☆ ☆

☆ ☆

宣誓人： （手印）

我的礼物梦想：

我的收入目标：

到＿＿＿年＿＿月＿＿日，收入总金额达到＿＿＿＿元，

平均每月收入＿＿＿＿元。

我通过以下几种方式可以获得收入：

1.

2.

3.

4.

我的消费计划：

到_____年___月___日，消费总金额为_____元，

平均每月消费_____元。

消费时需要提醒自己注意的是：

1.

2.

3.

4.

我的储蓄目标：

到_____年___月___日，储蓄总金额达到_____元，

平均每月储蓄_____元。

以上目标，我一定努力做到，请全家人监督！

规划人签字：

监督人签字：

规划生效时间：_____年__月__日

第二步：坚持一年会有哪些改变

年度财富盘点

当前财富盘点

盘点日期： _____ 年 ___ 月 ___ 日

当前现金总额： _____ 元

当前自己借给他人：_____元

当前自己所欠债务：_____元

拥有自己的储蓄罐：　　□有　　　　□无

拥有自己的钱包：　　□有　　　　□无

拥有自己的记账本：　　□有　　　　□无

当前自己拥有或参与的金融商品有：

　　　　□ 定期存折　　　　　　□ 活期存折

　　　　□ 儿童银行卡　　　　　□ 理财产品

　　　　□ 保险　　　　　　　　□ 贵金属

一年后财富盘点

盘点日期： _____ 年 __ 月 __ 日

当前现金总额： _____ 元

当前自己借给他人：_____元

当前自己所欠债务：_____元

拥有自己的储蓄罐： □有　　　□无

拥有自己的钱包： □有　　　□无

拥有自己的记账本： □有　　　□无

当前自己拥有或参与的金融商品有：

　　　□ 定期存折　　　　□ 活期存折

　　　□ 儿童银行卡　　　□ 理财产品

　　　□ 保险　　　　　　□ 贵金属

第三步：记录每一笔财富

我的理财手账

手账使用说明
每天一分钟 收支更清晰

分清自己赚了/花了哪些钱——对应参考表

详细记录每份收支——每日一记＋月度小结＋理财心得

收入 & 支出分类参考表

（所有的钱都有专门的昵称哦！）

收 入		压岁钱、零用钱、奖学金、理财收入……
支出	食品	主餐、水果、零食……
	文具	本子、笔、橡皮、铅笔刀、书……
	服饰	衣裤、鞋袜、小饰品……
	教育	学费、培训费、游学费……
	娱乐	旅行、游乐场、看电影……
	保健	医药费、体检费……
	美容	化妆品、理发、洗浴……
	交际	礼品、请客……
	交通	地铁费、公交费……
	通信	电话费、网费……
	其他	日用品……

年 Year: _____ **月 Month:** _____

日期 Date	项目 Item	收入 Income	支出 Outgo	结余 Savings
合计				

☆ 做一个决定并不难，难的是付诸行动，并且坚持到底。

日期 Date	项目 Item	收入 Income	支出 Outgo	结余 Savings
合计				

月度收支小结：（这个月有进步吗？）

收　入	支　出
本月一共获得收入_____元，共计_____笔。 本月最大一笔收入是_____元，来自_____。 下月希望获得收入_____元。 我会这样使用： 1. 2. 3.	本月一共支出_____元，共计_____笔。 本月最大一笔支出是_____元，用于_____。 这个月花费在_____的支出最多，达到_____元。 这个月花费在_____的支出最少，只有_____元。 下个月，我需要注意： 1. 2. 3.

试着用更直观的方式呈现吧！

收入类别饼图		支出分配饼图	
□零用钱 □压岁钱 □奖学金 □理财 □ □ □ □		□饮食 □学习 □活动 □购物 □ □ □ □	

我的理财心得：（你的成果……你的反思……你的计划……）

年 Year: _____ 月 Month: _____

日期 Date	项目 Item	收入 Income	支出 Outgo	结余 Savings
合计				

☆ 对自己的账目尽可能随时做到心中有数。

日期 Date	项目 Item	收入 Income	支出 Outgo	结余 Savings
合计				

月度收支小结：（这个月有进步吗？）

收　　入	支　　出
本月一共获得收入_____元，共计_____笔。	本月一共支出_____元，共计_____笔。
本月最大一笔收入是_____元，来自_____。	本月最大一笔支出是_____元，用于_____。
	这个月花费在_____的支出最多，达到_____元。
下月希望获得收入_____元。	这个月花费在_____的支出最少，只有_____元。
我会这样使用： 1. 2. 3.	下个月，我需要注意： 1. 2. 3.

试着用更直观的方式呈现吧！

收入类别饼图	支出分配饼图
□零用钱 □压岁钱 □奖学金 □理财 □ □ □ □	□饮食 □学习 □活动 □购物 □ □ □ □

我的理财心得：（你的成果……你的反思……你的计划……）

年 Year: ＿＿＿＿＿＿ 月 Month: ＿＿＿＿＿＿

日期 Date	项目 Item	收入 Income	支出 Outgo	结余 Savings
合计				

☆ 不要拼命地为了赚钱去工作，要学会让钱拼命地为你去赚钱。

日期 Date	项目 Item	收入 Income	支出 Outgo	结余 Savings
合计				

月度收支小结：（这个月有进步吗？）

收　入	支　出
本月一共获得收入_____元，共计_____笔。 本月最大一笔收入是_____元，来自_____。 下月希望获得收入_____元。 我会这样使用： 1. 2. 3.	本月一共支出_____元，共计_____笔。 本月最大一笔支出是_____元，用于_____。 这个月花费在_____的支出最多，达到_____元。 这个月花费在_____的支出最少，只有_____元。 下个月，我需要注意： 1. 2. 3.

试着用更直观的方式呈现吧！

收入类别饼图	支出分配饼图
□零用钱 □压岁钱 □奖学金 □理财 □ □ □ □	□饮食 □学习 □活动 □购物 □ □ □ □

我的理财心得：（你的成果……你的反思……你的计划……）

年 Year: _____ 月 Month: _____

日期 Date	项目 Item	收入 Income	支出 Outgo	结余 Savings
合计				

☆ 科学合理的消费就等于收入的增加。

日期 Date	项目 Item	收入 Income	支出 Outgo	结余 Savings
合计				

月度收支小结：（这个月有进步吗？）

收　入	支　出
本月一共获得收入＿＿＿＿元，共计＿＿＿＿笔。	本月一共支出＿＿＿＿元，共计＿＿＿＿笔。
本月最大一笔收入是＿＿＿＿元，来自＿＿＿＿＿＿＿＿＿＿。	本月最大一笔支出是＿＿＿＿元，用于＿＿＿＿＿＿＿＿＿＿。
	这个月花费在＿＿＿＿的支出最多，达到＿＿＿＿元。
下月希望获得收入＿＿＿＿元。	这个月花费在＿＿＿＿的支出最少，只有＿＿＿＿元。
我会这样使用： 1. 2. 3.	下个月，我需要注意： 1. 2. 3.

试着用更直观的方式呈现吧！

收入类别饼图	支出分配饼图
☐零用钱 ☐压岁钱 ☐奖学金 ☐理财 ☐ ☐ ☐ ☐	☐饮食 ☐学习 ☐活动 ☐购物 ☐ ☐ ☐ ☐

我的理财心得：（你的成果……你的反思……你的计划……）

年 Year: _____ 月 Month: _____

日期 Date	项目 Item	收入 Income	支出 Outgo	结余 Savings
合计				

☆ 你想要的东西和你所需要的东西之间是有差别的。

日期 Date	项目 Item	收入 Income	支出 Outgo	结余 Savings
合计				

月度收支小结：（这个月有进步吗？）

收　入	支　出
本月一共获得收入_____元，共计_____笔。 本月最大一笔收入是_____元，来自_____。 下月希望获得收入_____元。 我会这样使用： 1. 2. 3.	本月一共支出_____元，共计_____笔。 本月最大一笔支出是_____元，用于_____。 这个月花费在_____的支出最多，达到_____元。 这个月花费在_____的支出最少，只有_____元。 下个月，我需要注意： 1. 2. 3.

试着用更直观的方式呈现吧！

收入类别饼图		支出分配饼图	
□零用钱 □压岁钱 □奖学金 □理财 □ □ □ □		□饮食 □学习 □活动 □购物 □ □ □ □	

我的理财心得：（你的成果……你的反思……你的计划……）

年 Year: _____ 月 Month: _____

日期 Date	项目 Item	收入 Income	支出 Outgo	结余 Savings
合计				

☆ 购买东西之前，货比三家是个好习惯。

日期 Date	项目 Item	收入 Income	支出 Outgo	结余 Savings
合计				

月度收支小结：（这个月有进步吗？）

收　入	支　出
本月一共获得收入＿＿＿＿元，共计＿＿＿笔。	本月一共支出＿＿＿＿元，共计＿＿＿笔。
本月最大一笔收入是＿＿＿＿元，来自＿＿＿＿＿＿＿＿＿＿。	本月最大一笔支出是＿＿＿＿元，用于＿＿＿＿＿＿＿＿＿＿。
	这个月花费在＿＿＿＿的支出最多，达到＿＿＿＿元。
下月希望获得收入＿＿＿＿元。 我会这样使用： 1. 2. 3.	这个月花费在＿＿＿＿的支出最少，只有＿＿＿＿元。 下个月，我需要注意： 1. 2. 3.

试着用更直观的方式呈现吧！

收入类别饼图	支出分配饼图
☐ 零用钱 ☐ 压岁钱 ☐ 奖学金 ☐ 理财 ☐ ☐ ☐ ☐	☐ 饮食 ☐ 学习 ☐ 活动 ☐ 购物 ☐ ☐ ☐ ☐

我的理财心得：（你的成果……你的反思……你的计划……）

年 Year: _____ 月 Month: _____

日期 Date	项目 Item	收入 Income	支出 Outgo	结余 Savings
合计				

☆ 理性成就快乐。

日期 Date	项目 Item	收入 Income	支出 Outgo	结余 Savings
合计				

月度收支小结：（这个月有进步吗？）

收　入	支　出
本月一共获得收入_____元，共计_____笔。	本月一共支出_____元，共计_____笔。
本月最大一笔收入是_____元，来自_____。	本月最大一笔支出是_____元，用于_____。
	这个月花费在_____的支出最多，达到_____元。
下月希望获得收入_____元。	这个月花费在_____的支出最少，只有_____元。
我会这样使用：	下个月，我需要注意：
1.	1.
2.	2.
3.	3.

试着用更直观的方式呈现吧！

收入类别饼图	支出分配饼图
□零用钱 □压岁钱 □奖学金 □理财 □ □ □ □	□饮食 □学习 □活动 □购物 □ □ □ □

我的理财心得：（你的成果……你的反思……你的计划……）

年 Year: _____ 月 Month: _____

日期 Date	项目 Item	收入 Income	支出 Outgo	结余 Savings
合计				

☆ 不是因为困难而令人心生畏惧，而是因为心生畏惧才让事情变得困难。

日期 Date	项目 Item	收入 Income	支出 Outgo	结余 Savings
合计				

月度收支小结：（这个月有进步吗？）

收　　入	支　　出
本月一共获得收入_____元， 共计_____笔。 本月最大一笔收入是_____元， 来自_____。 下月希望获得收入_____元。 我会这样使用： 1. 2. 3.	本月一共支出_____元， 共计_____笔。 本月最大一笔支出是_____元， 用于_____。 这个月花费在_____的支出最 多，达到_____元。 这个月花费在_____的支出最 少，只有_____元。 下个月，我需要注意： 1. 2. 3.

试着用更直观的方式呈现吧！

收入类别饼图	支出分配饼图
□零用钱 □压岁钱 □奖学金 □理财 □ □ □ □	□饮食 □学习 □活动 □购物 □ □ □ □

我的理财心得：（你的成果……你的反思……你的计划……）

年 Year: _____ 月 Month: _____

日期 Date	项目 Item	收入 Income	支出 Outgo	结余 Savings
合计				

☆ 始终想着帮助别人解决问题的人更容易挣到钱。

日期 Date	项目 Item	收入 Income	支出 Outgo	结余 Savings
合计				

月度收支小结：（这个月有进步吗？）

收　入	支　出
本月一共获得收入＿＿＿＿＿元，共计＿＿＿＿＿笔。 本月最大一笔收入是＿＿＿＿＿元，来自＿＿＿＿＿＿＿＿＿＿＿。 下月希望获得收入＿＿＿＿＿元。 我会这样使用： 1. 2. 3.	本月一共支出＿＿＿＿＿元，共计＿＿＿＿＿笔。 本月最大一笔支出是＿＿＿＿＿元，用于＿＿＿＿＿＿＿＿＿＿＿。 这个月花费在＿＿＿＿＿的支出最多，达到＿＿＿＿＿元。 这个月花费在＿＿＿＿＿的支出最少，只有＿＿＿＿＿元。 下个月，我需要注意： 1. 2. 3.

试着用更直观的方式呈现吧！

收入类别饼图	支出分配饼图
☐零用钱 ☐压岁钱 ☐奖学金 ☐理财 ☐ ☐ ☐ ☐	☐饮食 ☐学习 ☐活动 ☐购物 ☐ ☐ ☐ ☐

我的理财心得：（你的成果……你的反思……你的计划……）

年 Year: _____ 月 Month: _____

日期 Date	项目 Item	收入 Income	支出 Outgo	结余 Savings
合计				

☆ 我们需要明确内心的愿望，知道它是什么，才可能实现它。

日期 Date	项目 Item	收入 Income	支出 Outgo	结余 Savings
合计				

月度收支小结：（这个月有进步吗？）

收　入	支　出
本月一共获得收入_____元，共计_____笔。	本月一共支出_____元，共计_____笔。
本月最大一笔收入是_____元，来自_____。	本月最大一笔支出是_____元，用于_____。
下月希望获得收入_____元。 我会这样使用： 1. 2. 3.	这个月花费在_____的支出最多，达到_____元。 这个月花费在_____的支出最少，只有_____元。 下个月，我需要注意： 1. 2. 3.

试着用更直观的方式呈现吧！

收入类别饼图	支出分配饼图
□零用钱 □压岁钱 □奖学金 □理财 □ □ □ □	□饮食 □学习 □活动 □购物 □ □ □

我的理财心得：（你的成果……你的反思……你的计划……）

年 Year: _____ 月 Month: _____

日期 Date	项目 Item	收入 Income	支出 Outgo	结余 Savings
合计				

☆ 不要在还没有尝试时，先想着行不通。

日期 Date	项目 Item	收入 Income	支出 Outgo	结余 Savings
合计				

月度收支小结：（这个月有进步吗？）

收　入	支　出
本月一共获得收入_____元，共计_____笔。	本月一共支出_____元，共计_____笔。
本月最大一笔收入是_____元，来自_____。	本月最大一笔支出是_____元，用于_____。
	这个月花费在_____的支出最多，达到_____元。
下月希望获得收入_____元。	这个月花费在_____的支出最少，只有_____元。
我会这样使用： 1. 2. 3.	下个月，我需要注意： 1. 2. 3.

试着用更直观的方式呈现吧！

收入类别饼图		支出分配饼图	
☐零用钱 ☐压岁钱 ☐奖学金 ☐理财 ☐ ☐ ☐ ☐		☐饮食 ☐学习 ☐活动 ☐购物 ☐ ☐ ☐ ☐	

我的理财心得：（你的成果……你的反思……你的计划……）

年 Year: _____ 月 Month: _____

日期 Date	项目 Item	收入 Income	支出 Outgo	结余 Savings
合计				

☆ 你一定能实现目标，现在要做的，就是避免任何人动摇你的决心。

日期 Date	项目 Item	收入 Income	支出 Outgo	结余 Savings
合计				

月度收支小结：（这个月有进步吗？）

收　入	支　出
本月一共获得收入_____元，共计_____笔。	本月一共支出_____元，共计_____笔。
本月最大一笔收入是_____元，来自_____。	本月最大一笔支出是_____元，用于_____。
	这个月花费在_____的支出最多，达到_____元。
下月希望获得收入_____元。	这个月花费在_____的支出最少，只有_____元。
我会这样使用： 1. 2. 3.	下个月，我需要注意： 1. 2. 3.

试着用更直观的方式呈现吧！

收入类别饼图	支出分配饼图
☐零用钱 ☐压岁钱 ☐奖学金 ☐理财 ☐ ☐ ☐ ☐	☐饮食 ☐学习 ☐活动 ☐购物 ☐ ☐ ☐

我的理财心得：（你的成果……你的反思……你的计划……）

提前了解经济学　　奋斗人生更坚决

财富知识链接

给自己的大脑充电

1. "经济学"的诞生

今天人们熟悉的经济学通常是指西方经济学，这是因为主要经济学理论和模型早期几乎都诞生于西方国家。虽然经济学作为一门专业学科的历史并不算太长，只有百年时间，但经济学思想的诞生却可追溯到古希腊时期，柏拉图、亚里士多德等哲学家已经开始对劳动生产、财富、商业等关乎国家兴亡的重要经济问题进行研究和讨论。

2. Economy 是什么意思

经济学的英文写作 economy，来自古希腊语，是"家政术"的意思。可见 economy 最初是管理家庭财富的学问，后来才扩展到国家范围。最早将 economy 翻译为"经济学"的是日本人，我国清末政治家梁启超后来将其引入汉语，并逐渐被广泛接受。

3. 古代中国人研究经济吗

虽然"经济学"这门学科是由西方传入中国的，但古代中国其实很早就产生过经济学思想。历朝历代的统治者都在寻求 "经世济民"的方法，只可惜没有人把它当作一门学问来研究。早在东晋时期已有"经济"一词，它是"经世济民"一词的综合与简化。而东晋以前的汉代，则用"食货""平准"等词语，指代财政和经济。

4. 古人的智慧

中国人很早就发现并利用了供给和需求之间的规律。早在西汉时期，国家就设置了"均输官"这一职位，利用供需关系来调节价格。假如一地区农产品供给过剩，均输官就会到当地购买该产品，然后运到歉收地区。这样一来，供给和需求不平衡的状态就会得到缓解，价格也就稳定下来了。

5. 劳动价值论

劳动价值论是一种认为商品的价值是由人类劳动所创造的理论。这一思想最初由威廉·配第、亚当·斯密、大卫·李嘉图等英国古典经济学家提出，最终由德国经济学家卡尔·马克思构建出完整的理论体系，肯定人类劳动对商品价值的贡献。

6. 专利有哪些种类

我国目前有发明专利、实用新型专利和外观设计专利三种类型的专利权。其中发明专利是指对产品、方法或者其改进所提出的新的技术方案；实用新型专利是指对产品的形状、构造或者其结合所提出的适于实用的新的技术方案；外观设计专利则是指对产品的形状、图案或者其结合以及色彩与形状、图案的结合所作出的富有美感并适于工业应用的新设计。

7. 国有"五大行"

国有"五大行"是指由国家直接管控的五家大型国有银行，分别为：中国银行、中国建设银行、中国工商银行、中国农业银行、交通银行。它们实力雄厚，深受百姓信赖。

8."理财产品"是什么产品

银行常推荐客户购买的"理财产品"与生活中常见的"产品""商品"

不一样，它其实没有实际的形态，是一种投资渠道。购买"理财产品"相当于把钱交给商业银行和正规金融机构来打理，获取投资收益后，根据合同约定分配收益。目前，市场上投资理财产品主要有储蓄、基金、股票、债券、黄金、外汇、保险等。

9. 理财产品或者投资的"收益率"是什么意思

它是购买理财产品或投资所获得的回报，用百分比的形式表达，与存款"利率"相似，计算方法也一样：投资收益 = 本金 × 收益率。

10. 各种"证券公司"是干什么的

一家企业需要资金时，除了找银行帮忙，还可以在满足一定条件并获得相关部门批准的前提下，通过发行"股票"的方式，直接向投资者"借钱"，即我们通常说的"上市融资"。投资者购买某只股票，就相当于把钱借给了这家公司。只不过这次在中间帮忙的不是银行，而是"证券公司"。所以我们说，证券公司和商业银行的性质差不多，都是在个人和企业之间起媒介作用，帮助资金融通的"金融中介机构"。

11. "基金"是什么

我们日常所说的"基金"通常是从狭义方面来说的，是专业投资机构把大家的钱集合起来，购买股票或债券。基金的投资人分享收益或损失，但无论赚钱还是赔钱，都需要支付"管理费"给打理基金的机构。普通人投资基金的好处是把钱交给专业人士打理，而且基金中含有许许多多的股票和债券，风险相对分散，通常能获得不错的收益。

你学会的知识都非常实用

实战财富演练

迎接全新的自己

NO.1

一、选择题

1. 下列消费中，哪一项支出不属于生活必须消费（　　）

   A. 上班、上学的交通费

   B. 看最新上映的 3D 科幻电影

   C. 水电费

   D. 一日三餐的花销

2. 请选出下列物品中属于"商品"的一项（　　）

   A. 非常美丽的野花

   B. 质量糟糕的运动鞋

   C. 海边捡到的漂亮贝壳

   D. 妈妈亲手做给你的蛋糕

3. 下列哪一项属于稀缺资源（　　）

   A. 石油

   B. 海水

   C. 新鲜空气

   D. 明媚阳光

4. 在质量合格的前提下，请问下面哪位工人的效率最高（　　）

   A. 每小时制作 6 件产品

   B. 平均每 8 分钟制作 1 件产品

   C. 在两小时内制作了 10 件产品

   D. 在两小时内制作了 12 件产品

5. 下面哪个因素可能会导致某种商品价格上涨（　　）

　　A. 人们对该商品的需求突然增加

　　B. 该商品产量突然增加

　　C. 出现了比该商品质量更好、但价格便宜的商品

　　D. 该商品举办促销活动

6. 下面哪一种说法是错误的（　　）

　　A. 家庭消费应当量入为出

　　B. 人生短暂，应当随心所欲，想买什么就买什么

　　C. 应当适当减少不必要的消费

　　D. 为了炫耀而消费完全没有必要

7. 商品打折的原因可能是（　　）

　　A. 降低价格，吸引消费者购买

　　B. 赶紧卖掉产品，收回资金

　　C. 推广新产品

　　D. 以上都对

二、问答题

1. 爸爸这个月工资 8500 元，妈妈 15000 元，家庭各项必要开支共计 10000 元，自驾游一次花费 6000 元。不考虑已有的存款，请问本月底家里剩下多少钱可以用来储蓄或自由支配？

2. 同样的商品，网上的价格比商店里便宜的原因可能是什么？

3. 请回答下面各项中，谁是产品或服务的供给方，谁是需求方？

  A. 餐馆和来餐馆吃饭的顾客

  B. 餐馆和为餐馆提供食材的商贩

  C. 面包店和生产面粉的工厂

  D. 面包店和买面包的顾客

NO.2

一、选择题

1. 哪一项设施的建设和维护可能来自税金（　　　）

  A. 大商场

  B. 超级市场

  C. 公共图书馆

  D. 电影院

2. "洛阳纸贵"的典故可以用哪个经济学概念来解释（　　）

　　A. 机会成本

　　B. 供给需求

　　C. 税收

　　D. 效用原理

3. 我们国家实行"九年义务教育"，为什么公立小学和中学可以免学费（　　）

　　A. 因为有好心人捐赠

　　B. 因为学校很有钱

　　C. 因为有纳税人缴纳的税金

　　D. 其实妈妈偷偷交了学费

4. 我国当下的个人所得税起征点是（　　）

　　A. 2000 元

　　B. 3500 元

　　C. 4000 元

　　D. 5000 元

5. 爸爸获得 5 万元奖金，全家正商量如何处理这笔钱。请问下面四个选项中，有哪两项属于投资（　　）

　　A. 存到银行里，定期存三年

　　B. 全家去旅行，留下美好回忆

　　C. 每人分一部分钱，去买自己期待已久的礼物

　　D. 购买股票或者基金产品

二、问答题

1. 明天就要考试了，可今晚有一场你期待已久的电影首映，你在"为考试复习功课"和"第一时间看电影"之间纠结……

（1）请问让你纠结的两个选择之间是什么关系？

（2）如果你决定第一时间去看电影，那么你为它付出的机会成本是什么？

（3）假如你的决定是好好复习功课，那么机会成本是什么？

（4）考虑了两个决定的各自的机会成本，你应该如何选择？

2. 假如爸爸每月工资是 4999 元，那么他每月要缴纳多少个人所得税呢？

3. 妈妈每月工资 8000 元，她是否需要缴纳个人所得税？

4. 全家到某国去旅行，发现当地的消费税是 6%，购买标价 10 的商品，结账时要付多少钱？

NO.3

一、选择题

1. 你打算把压岁钱存进银行，下面哪一项与你的计划相关（　　）

A. 银行的贷款利率

B. 个人所得税率

C. 银行的存款利率

D. 银行的负债率

2. 想从银行借钱的人最关心下面哪一项（　　）

A. 银行的大小

B. 银行的金库是否安全

C. 银行的大楼是否气派

D. 银行的贷款利率

3. 四家银行的一年期定期存款利率如下，你应该选择哪家银行存款（   ）

A. 1.983%

B. 1.989%

C. 1.999%

D. 2.003%

4. 四家银行的一年期购车贷款利率如下，爸爸妈妈决定贷款买车，应当怎样选择（   ）

A. 4.5%

B. 5.0%

C. 5.5%

D. 6%

5. 想象你分别身处下面四种场景，为"喝水"产生的效用按照从高到低的顺序排序（   ）

A. 三伏天的体育课之后，要渴死了！

B. 刚喝了一肚子水，正想上厕所，快憋不住了……

C. 有一点点口渴的夏夜

D. 刚刚喝了些水，但还能再喝点儿

二、问答题

1. 某银行一年定期存款利率是 3%。现在你有 3000 元压岁钱，打算定期存一年，请问一年后你能获得多少利息？

2. 上面的一年定期存款到期之后，你又得到 3000 元压岁钱。你想继续存定期，请问你现在一共有多少本金？

3. 妈妈用 10 万元在银行购买了一种理财产品，每年收益 5%。请问一年后妈妈获得的收益是多少？连本带利一共拿回多少钱？

4. 某公司推出一种理财产品，号称保证每年有 30% 的收益，妈妈投资了 1 万元，可没想到这个公司倒闭了。请问妈妈获得的收益是多少？

5. 爸爸用 10 万元投资股票，第一年获得了 15% 的收益。请问爸爸的投资收益是多少？

6. 爸爸去年投资股票赚到了钱非常开心，把投资收益都给你报了课外补习班，并用 10 万元本金继续投资。可惜今年股票投资的业绩不太好，损失了 20%。请问爸爸今年的投资收益是多少？年底本金还剩下多少？

7. 家里现在有 10 万元现金，爸爸妈妈正在讨论如何打理这笔钱。目前的想法有如下几种，请你帮助他们分析一下，哪个方案最好？为什么？

方案一：国有"五大行"之一的银行，三年期定期存款，利率约每年 3%；

方案二："蚂蚁银行"，可随时取出，利率约 2.75%；

方案三：借给朋友，期限两年，每年给 10% 利息；

方案四：某网贷平台，随时可取，每年利率 20%–30%；

方案五：为保证随时能用，藏在床底下。

NO.4

一、选择题

1.请问下面对银行存款的描述中，哪一项是正确的（　　）

A.收益高风险也高

B.收益高风险低

C.收益低风险也低

D.收益低但风险高

2.下面哪一家金融机构可以从事吸收存款、发放贷款业务（　　）

A.中国人民银行

B.基金银行

C.商业银行

D.证券公司

3.请问下面对商业银行的描述中，哪一项不正确（　　）

A.为全社会服务，不求回报，无私奉献

B.为企业和个人服务

C.以营利为目的

D.经营不善也有可能破产

4.请将下面的投资方式以可能伴随的风险从高到低排序（　　）

A.基金

B.股票

C.银行存款

D.银行理财

5. 请将下面的投资方式以可能获得的收益从高到低排序（　　　）

A. 基金

B. 股票

C. 银行存款

D. 银行理财

6. 下面关于投资股票的说法中，正确的有哪几项（　　　）

A. 有可能赚很多钱

B. 有赔本的可能

C. 需要一些专业知识才能投资股票

D. 有时赚有时赔，波动很大

二、问答题

1. 家里有 10 万元定期存款，20 万元基金，妈妈每个月工资是 15000 元，爸爸每个月工资是 10000 元。根据前面的描述，你家每月的收入情况是怎样的？大概有多少呢？

2. 爸爸妈妈本月的税后收入共计 30000 元，他们投资的金融产品平均每月有 5000 元的收益，当月房贷要还 8000 元。请问这个月你家的总收入是多少？

3. 有 A、B 两个家庭，他们每年的工资收入一样多。家庭 A 花费不多但善于理财，家庭 B 喜欢消费，存款不多。现在有一个风险适中、收益不错的投资机会，一年收益率达 9%。家庭 A 决定拿出 100 万投资，家庭 B 最多只能拿出 10 万。请计算一年后两个家庭分别能够获得多少投资收益？这说明什么道理？

4. 一位老爷爷已经 90 岁了，身体非常健康。他有一笔闲钱存在银行里，不知如何打理，所以想问问你怎样做才能使他的钱获得比活期存款高一些的收益呢？如果让你在股票、基金、银行理财、定期存款四种方式中选择，你会如何建议呢？

参考答案

NO.1

一、选择题

1. B 2. B（小提示：商品有使用价值和价值，是用于交换的劳动产品；质量糟糕的商品也是商品。） 3. A 4. B 5. A 6. B 7. D

二、问答题

1. 答：7500 元。

   总收入：8500+15000=23500 元；

   总支出：10000+6000=16000 元；

   结余 = 总收入 − 总支出 =7500 元。

2. 答：因为网点销售商品的成本与实体商店不同。开一家实体商店，需要支付店铺租金、工人的工资、仓储费用、水电等杂费等等，这些都是商家的成本。而网络商店的经营成本则少得多，定价稍微便宜些，也能获得与实体店大致相同的利润。

3. 答：餐馆与顾客，餐馆是菜肴和服务的供给方，顾客是需求方；餐馆与提供食材的商贩，则餐馆是需求方，商贩是供给方。同理，面包店对于面粉工厂来说，是面粉的需求方，对于买面包的客户来说，它又是面包的供给方。可见，供给方和需求方的身份是不固定的，也不是唯一的，一个商户、工厂甚至个人，都有可能同时是供给方和需求方。

NO.2

一、选择题

1. C　　2. B　　3. C　　4. D　　5. AD

二、问答题

1.（1）答：机会成本关系。

（2）答：放弃复习功课的时间，以及可能获得的好成绩。

（3）答：机会成本是放弃立即享受看电影的快乐。

（4）答：建议选择"复习功课"。因为复习功课的机会成本比较低，不过是晚一两天去看电影而已。可考试前选择看电影的机会成本太高了，考砸了搞不好还要挨训呢！

（小提示：一般来说，在做决定的时候，最好选择机会成本较低的选项。）

2. 答：不需要缴纳。我国的个人所得税起征点是 5000 元。既然工资未满 5000 元，不到起征点，那么爸爸不需要缴纳个人所得税。

3. 答：需要缴纳。因为 8000 元明显超过了起征点 5000 元，所以妈妈需要缴纳个人所得税。缴纳的部分是全部工资扣除 5000 元和各种保险等之后的部分。

4. 答：10.6。结账时要支付 $10+10 \times 6\%=10.6$，即商品价格 + 消费税。

NO.3

一、选择题

1. C　　2. D　　3. D　　4. A（小提示：借钱时希望贷款利率越低越好。）

5. ACDB

二、问答题

1. 答：90元。利息 = 本金 × 利率，即 3000×3%=90元。

2. 答：6090元。上面一年定期存款到期取出后，连本带利一共 3000+90=3090元，加上新得到的 3000元压岁钱，新的本金是 3090+3000=6090元。

3. 答：收益是 100000×5%=5000元；连本带利一共拿回 100000+5000=105000元。

4. 答：极可能是0。收益高通常代表风险大，正规理财产品若要每年获得 30% 的收益是非常困难的一件事，几乎无法保证。敢自称"保证 30% 收益率"的多半是骗子公司。既然公司倒闭了，妈妈的钱可能一分都拿不回来了。

5. 答：15000元。与理财产品、定期存款的计算方法一样，投资收益 = 本金 × 收益率。所以爸爸的投资收益是 100000×15%=15000元。

6. 答：计算方法与上题相同，投资收益 = 本金 × 收益率，只不过收益变成了损失。100000×20%=20000元，可以说"损失 20000元"或者"投资收益为负 20000元"。到了年底，新的本金 = 初始本金 + 投资收益 =100000−20000=80000元。

7. 答：观察可以发现，"收益"和"风险"之间是存在一定关系的，即通常利率越高，风险越大。如方案一的利率虽低，可是国有银行存款是非常安全的，收益虽少，但不会损失本金，而且肯定能拿到利息；方案二与方案一相比，优点是存取灵活，如果有随时用钱的可能，这个方案也很不错；方案三利息虽然高，可是也需考虑朋友是否会遭遇突发状况，他一定还得上吗？假如他人不见了，谁来保护你的利益呢？方案四的利息有点高过头了，说明风险非常大，需要慎之又慎；方案五虽然使用方便，但是藏在床底下可一点儿收益也没有哦。至于最终如何选择，要视你家的实际情况而定啦！

（小提示：没有标准答案，方案各有利弊，你只要能说出理由即可。）

NO.4

一、选择题

1. C   2. C   3. A   4. BADC   5. BADC   6. ABCD

二、问答题

1. 答：收入包括爸爸妈妈的工资收入和投资收益两部分，所以月收入是 15000+10000+ 存款利息 + 基金收益。如果基金产生了损失，则当月的收入会减少。

（小提示：家里的存款和投资属于以前收入的累积，不计入当月收入，注意不要被干扰。）

2. 答：35000 元。总收入就是全部收入的总和，不考虑支出。所以总收入 = 工资收入 + 投资收益 =30000+5000=35000 元。

3. 答：家庭 A 的投资收益 = 本金 × 收益率 =1000000 × 9%=90000 元，家庭 B 的投资收益 =100000 × 9%=9000 元。说明投资收益相同时，本金越多，获得的收益越多。

（小提示：当然，假如投资发生亏损，本金越多，亏损的金额也越多哦。）

4. 答：不同的投资产品风险和收益水平有很大区别，没有好坏之分，但一定要与投资者的自身情况相匹配。对于一般的老年人来说，资金安全是首要的，风险越低越好，所以首先排除风险高的股票和基金，银行理财和定期存款收益都高于活期存款，风险也比较低，更适合老年人。

森林商学园

我的财商
小课堂

神奇的税金

肖叶　主编　　龚思铭　著

郑洪杰　于春华　绘

人民文学出版社　天天出版社

目 录

1 居民失窃事件

　　暮光将冰雪森林染成金色时，地洞里的刺猬扎克醒来了。先祖们经过数百万年进化形成的时间节律流淌在扎克的血液里，使他习惯于在黄昏时分醒来，钻入青草深处饱餐一顿，用清甜的露水滋润干渴的咽喉，并在黑暗的保护下，享受森林之夜的一切美好。

自从扎克开始与松鼠京宝、白鼠 357 一起经营便利店"鼠来宝",他已经很久没有单独行动过了。"鼠来宝"生意越做越好,可是不分昼夜地工作,却使他们错过了美好的夏日时光。眼看秋天集市开市在即,森林居民们都在为赶集做准备,357 决定干脆放个假,让京宝和扎克也好好休息休息。

谁知,刺猬扎克假期的第一天就被一场"小地震"给搅和了!当时,他正躺在被窝里,回忆梦中发明的新口味虫虫脆配方,咚咚咚咚一阵乱响,把他从床上给震了下来,刚刚想起的两种香料也给忘得一干二净!

扎克气呼呼地刚从洞里钻出来,就被迎面甩了一脸泥。嚯!原来是他的邻居——三只花栗鼠,他们正在飞快地打洞,地面已经被刨出了七八个洞口。

花栗鼠们在地洞里钻来钻去，而黄鼠狼阿黄正气急败坏地用爪子"打地鼠"。
花栗鼠们这边钻出一个脑袋，那边露出一条尾巴，倒像是故意捉弄阿黄似的。
阿黄被三只花栗鼠耍得团团转，却连他们的毛也没摸到。

　　本来一肚子气的扎克被阿黄的狼狈样子逗笑了。花栗鼠可都是精通遁地
术的打洞高手，在花栗鼠们的地盘上，阿黄不是对手。与其等他恼羞成怒，
不如赶紧劝架，免得他失了颜面。

　　扎克横在阿黄面前："消消气，消消气！"

　　"他们……他们三个……坏东西……"阿黄上气不接下气，"偷我的鸡！"

　　三只花栗鼠异口同声地说："冤枉！"

"谁……冤枉……你们了？"阿黄拍着胸口，"我亲眼见到你们三个从养鸡场里跑出来，我一路追到这里，还能有假？"

"玉米！"……"豆豆！"……"好吃！"

扎克低头一看，这三个小家伙还真是不客气，腮帮子塞得满满的，一个头变成原来的两个大，难怪一开口只能蹦出两个字，再多说一个字，嘴里的东西恐怕就要喷出来了。扎克明白了，他们想说，只不过在养鸡场偷了一些喂鸡的玉米粒和豆子，并没有偷鸡。

扎克劝道："别急嘛！你看看他们三个，加起来还不够一只母鸡大，别说偷鸡了，没被你的大鸡一脚踩扁算是走运！玉米粒和豆子嘛，让他们吐出来赔给你。"

"才不要呢！"阿黄扑通一屁股坐在地上，委屈地说，"谁在乎几颗玉米粒和豆子！最近我的养鸡场遭了贼，丢了好多鸡，蹲守了几天，只看见他们三个，我能不拼命追吗？我这养鸡场已经开始亏损了！"

此时，三只花栗鼠已经把玉米粒和豆子吐出来，在地上堆了一小堆，以展示自己的"清白"。清空颊囊后的花栗鼠口齿清晰，三只一起说个不停，叽叽喳喳像打机关枪，根本听不清楚具体内容。

扎克摸出几颗大榛果丢给三只花栗鼠，他们本能地塞进嘴巴。嘴巴塞满了，他们才能好好说话："母鸡"……"打洞"……"逃走"。

"母鸡自己打洞逃走了？这怎么可能呢？"阿黄当然不信，"我养的鸡我还不知道吗，鸡哪里会打洞？"

"我们"……"亲眼"……"见到"。三只花栗鼠解释完，便开始表演：他们弯下身咯咯嗒地叫着，撅着屁股模仿母鸡走路的样子。突然，扑通扑通，他们一只接一只地掉到地洞里去了。三只花栗鼠言之凿凿，说是亲眼看见，这太奇怪了！

阿黄虽然不信花栗鼠的话，却也觉得三个小东西想要偷鸡，的确不那么容易。而刺猬扎克奇怪的是，三只花栗鼠一向是在"鼠来宝"里购买玉米粒和豆子的，干吗要跑去养鸡场偷呢？

"贝壳"……"打洞"……"逃走"。

哦！三只花栗鼠家里的贝壳也像母鸡一样不翼而飞了？

刺猬扎克和阿黄对望一眼，看来遭贼的可不只是黄鼠狼养鸡场。既然三只花栗鼠不是偷鸡贼，阿黄显然也不会去偷花栗鼠们

的贝壳，那么一定另有其"贼"。扎克建议他们马上到"森林事务所"报案，他自己则决定不放假了，先赶回"鼠来宝"守夜。

刺猬扎克匆匆来到"鼠来宝"时，京宝和 357 也刚好赶到，他们三个正好在大门前相遇了。

"扎克，你也来啦！"京宝跳过来道，"你家里有没有丢东西？"

扎克摇摇头："还没，不过听阿黄说他的养鸡场最近丢了不少鸡。我一路过来，地下城的花栗鼠、鼹鼠、兔子们也都多多少少丢了些贝壳呢！"

"哎呀，难怪！"京宝说，"刚才地下城的居民聚在树下，一口咬定贝壳是我们偷的，把我们树上城给围起来啦！"

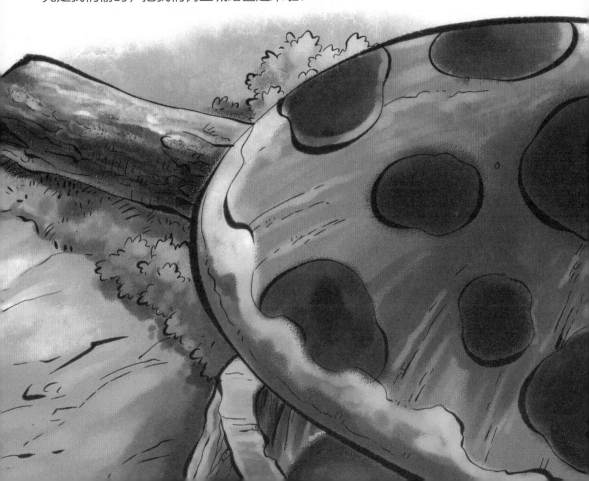

冰雪森林以树为界，分为"地下城"和"树上城"，扎克、357、阿黄他们都住在地下城，京宝的家在树上，自然归属树上城。

扎克小脑袋一歪："树上城的居民差不多都是鸟儿，到了我们地下城岂不是两眼一抹黑，怎么可能偷东西呢？"

京宝点点头："就算是我这样的高手，"他得意地比画几招功夫，"到底不会遁地术，想在地下城下自由穿行，也是绝对做不到的！"

"糟糕！"357一拍脑门儿，"如果盗贼的目标是地下城，那我们'鼠来宝'的地下仓库岂不危险？"

357话音才落，三个小伙伴不约而同地向地下仓库的入口跑去。

你一定还记得，"鼠来宝"用大树墩建成的门店下面，连接着好几个巨大的地下仓库，除了冰屋和商品，他们经营所得的贝壳也存在其中的一个仓库，算是一个"小金库"。

阿黄的养鸡场已经被偷到开始亏本，"鼠来宝"这样的小店，当然更经不起偷盗。还好，经过仔细查看，几个仓库内的货物完好，暂时没有遭贼的痕迹。不过京宝还是不放心，于是提议留在店里守夜。

357笑道："你还是回去休息吧，我和扎克本来就习惯昼伏夜出。"

扎克点点头："放心，如果那个小偷敢来店里，我就冲出去扎他！"

京宝摇摇头："'森林三侠'合体才最厉害，我不能走！今晚月圆花香，我正好想赏月呢！"

"也好！"357说，"咱们把露台打开，弄点好吃的，就坐在店里赏月，困了就席地而睡，万一地库里有动静，咱们也能听到。"

扎克用小爪子把耳朵拉起来："哈哈，竖起耳朵听！"

冰雪森林有河道、地面、地下、树上四路御林军日夜守护，怎么会一点反应也没有呢？他们都睡着了吗？还是这森林大盗太厉害，悄无声息地就偷走了地下城居民的财物和阿黄养鸡场的鸡？御林军都跑到哪里去了？这神秘的森林大盗又究竟是什么身份呢？

阿黄的鸡被偷，他为什么那么着急？

把一只小鸡养大，到可以卖掉之前，阿黄可没少花功夫。购买玉米粒和豆子喂养它们，保证它们安全、健康地成长，是要花费很多钱、出很多力气的。我们知道，这些都是阿黄养鸡场的"成本"。那么阿黄为什么愿意花费这么多"成本"来养鸡呢？因为，只要把鸡卖掉，阿黄的成本就回来啦，说不定还能多赚一些——鸡的售价，减去把它们养大的全部成本，剩下的部分就叫作"利润"。

假如，阿黄的小鸡全都顺利长大，卖个好价钱，那么养鸡场就可以获得很多的"利润"，也就是可以赚到很多的钱，阿黄就可以继续好好经营他的养鸡场。可是，如果阿黄费心费力养大的鸡都丢了，那么他成本都收不回来，更别说赚钱了。时间一长，养鸡场可能就要关门。

不仅是阿黄的养鸡场，在我们的生活中，大到商场、超市、工厂，小到路边的书报亭、水果摊，商业经营的目标都是获得足够的"利润"。

　　商场和超市经常有打折活动，千万不用为它们担心！打折的目的是促销——跟狐狸游乐场降价吸引游客一样，价格降低了，销售量就会提高，薄利多销，商家不仅一样能够赚钱，还顺便清理了存货，回收资金，是一件一举多得的好事。

　　打折对我们消费者来说也是件好事。不过，单纯因为打折而过度购买自己并不需要的产品，那可就正中商家的小圈套了！

1

问：阿黄的养鸡场可能有哪些成本？举几个例子。

2

问：食品临近保质期为什么会打折？

3

问："折扣那么大，不买不划算！"这种想法对吗？

2 守夜"鼠来宝"

"鼠来宝"的露台一开,月光顷刻洒入店内。远处,天上星月灿烂;近处,林间流萤点点。京宝知道,那是萤火虫们打着小灯笼找朋友呢!而他的好朋友就在身边,此刻正坐在一起喝茶赏月,京宝感觉幸福无比,几乎忘了自己是在守夜防盗。357创立的这间小小的便利店,让他们发现了工作的乐趣,收获了劳动的满足,冰雪森林的居民们都喜欢"鼠来宝"……一定要好好保护它!

想到这里,京宝突然发觉,虽然自己与357要好,可是对他的了解其实不多。"357,"京宝说,"给我们讲讲,你来到冰雪森林之前的故事吧。"

"是啊!"扎克也附和道,"你平时很少说过去的事呢,给我们讲讲吧!"

357 说得平静，京宝和扎克却叹起气来。357 笑着安慰道："都是很久以前的事了。人类喂养我长大，可是也给我扎针。扎针怪疼的，而且扎针之后，有时候莫名其妙地开心，有时候又特别难受，有时候完全晕过去，不知道过了多久才醒来。那时候的生活虽然吃喝不愁，可我老是提心吊胆，所以我想逃走，想着就算吃不饱饭，没地方住，也还是自由自在比较好。"

　　刺猬扎克突然哇的一声哭了起来："对不起 357！我之前常用刺扎你，和你闹着玩，对不起……"

　　357 故意大声笑起来："扎克，别傻了，你的刺根本就扎不疼我！再说，我现在不是逃出来了？咱们在一起，多开心！不要哭了。"

　　京宝想转移扎克的注意力，继续追问道："357，你还没说是怎么逃出来的。"

"那是——"357也想逗扎克开心，于是压低了声音，故作神秘地说，"有一次，扎针之后我就睡着了，醒来的时候，突然觉得笼子的锁似乎也不是那么难对付，我摆弄了一下，果然就打开了！那天房间里一个人都没有，黑乎乎的，可是我什么都能看见。一不做，二不休，我再也不要被关起来了！我要趁机逃走！虽然整个房间几乎密不透风，门窗也锁死了，可我就是有信心，一定能逃出去。我正找出路时，突然——咚、咚、咚，我听见有脚步声走近……"357发现京宝和扎克神情有些奇怪，好像是被他的语气吓到了，便停了下来。

　　"怎么了？"357问。

　　"嘘——"京宝的耳朵动了一下，"我听见了，有脚步声走近！"他压低了声音，甩动着尾巴。

357以为他在开玩笑，刚想说话，被刺猬扎克一把捂住了嘴。他们三个屏息凝神，咚、咚、咚……的确有脚步声，而且越来越近，地面仿佛也在微微颤动，一时间分不清声音来自地面还是地下。难道……飞贼要现身了？他们虽然在店里守夜，却并没有想好该怎么应对，此刻难免紧张起来，一动也不敢动。

忽然，声音停止，从天井洒进来的晨光仿佛忽然暗淡了。接着，晨光全没了，整个天井似乎被什么东西遮住了。三个小伙伴慢慢抬起头……

"啊！"天井上居然出现了一张大脸！他们惊叫起来，抱在了一起。

"啊！"又是一声，357和京宝像触电一般弹了出去——刺猬扎克一旦受到惊吓，就会不自觉地卷成一团，身上的刺竖起来，与这样的扎克拥抱，简直太疼了！

"嘿嘿……"天井上的大脸被他们逗笑了——仔细一看，原来是棕熊贝儿！真是虚惊一场！

357拍拍小胸脯："吓死啦……贝儿你怎么来啦？"

"是啊，整个春夏都没看见你，你跑到哪里玩去啦？"京宝努力平静下来，扎克却还卷成一团，他可能吓晕了。

"我去山上啦！春夏两季，正是采集植物的好时节。刚从山上下来，我看见这里亮着，就过来了……"贝儿把一个青草编的小袋子从天井送下来，里面装着满满的浆果，"我从山上给你们带的，比蜂蜜还甜。"

棕熊贝儿的小袋子，放进"鼠来宝"里就成了一座小山，清新的果味在空气中飘散开，香极了。357拿出店里的鱼干，跳上露台递给贝儿："喏，饿了吧，给你留的。"

贝儿闻闻鱼香味："啊！想死这个味道了！早晨我一进林地，就想用草药换条鱼吃，谁知一路上没有一家肯收我的草药，野果也不行，真邪门儿！"

"你错过了大事件！咱们冰雪森林现在改用这个了。"京宝拿出一把贝壳，"这个叫'钱'，用它什么都可以买到，不需要换来换去了！"

贝儿拿起一枚贝壳左看看，右看看，问："那我去哪里弄这个？"

"你弄不到。这些都是大雁从南方的海边找来的，大雁在林子里住了一阵子，贝壳就是付给大家的租金。因为森林是大家的，所以贝壳人人有份，可惜那时你不在……"357一边回答，一边包了一些贝壳，"这些你拿去，算我们买你的浆果。"

"浆果是送给你们的礼物，不是用来换贝壳的！"贝儿拒绝，"等到冬天，我再帮你采冰，那时你再给我贝壳。"

京宝也跳上露台，笑着问:"那你秋天怎么过？你肚子饿时看啥都像食物，

我们可不想担惊受怕！"

357 看着贝儿的篮子里、背上的筐里，满满都是花花草草。他忽然灵光一闪："贝儿，我正好有事求你。咱们森林什么都好，就是蚊虫多！你的草药里，如果有能驱虫止痒的，可不可以把它们做成药水，我放在店里一定好卖！"

"对！"京宝点头道，"夏天时大家都掉毛，虫子能直接咬到皮肤，痛得很！秋天新毛长出来了，可是天气还热，又痒又难受！如果有一种药水，既能驱虫止痒，又能清凉解暑，那就太棒了！"

贝儿低头思考了一会儿："说起来，我还真有几种现成的配方，平时给大家治虫咬，都说效果不错。"

"对，我用过！"京宝说，"效果的确很棒，就是药味太浓了。"

357觉得京宝的意见很有道理："贝儿，你能想办法让药水的味道变得清香一点吗？这样的话，大家平时也能用。"

"这不难，多加一些新鲜花露就好了，而且草药的味道本来也不难闻。"贝儿似乎胸有成竹，"我脑子里已经有了几种配方，现在就回家去实验！只是，我只喜欢做研究，经营的事……"

"这没有问题，你只管研究配方，剩下的交给我们！"357拍着胸脯，"这些贝壳你还是拿去，算我们付的定金。"

贝儿还是摇头："我只需要把各种现成的药水配制一下，干吗收你们的钱？妈妈说过，'不劳而获'可不好。"

"就算是现成的药水，也是你辛辛苦苦采集植物制作的啊！而且用哪些药材配制，如何配制，这都是靠长年累月地学习、不断地实验，才慢慢积累起来的经验，看起来简单，其实复杂得很呢！你付出的是脑力劳动，跟采集冰块这样的体力劳动一样有价值！所以这些是你应得的，你就拿着吧！"

贝儿似懂非懂。不过，想到自己的爱好居然能创造价值，能给森林居民带来好处，贝儿很开心。他立刻跑向家里。

"哇！原来是天上掉浆果啦！""鼠来宝"里传出一声叫喊。357和京宝低头一看，原来是扎克醒过来了，他完美地错过了贝儿的来访。京宝和357站在露台上咯咯咯地笑了起来。

阳光下，清风里，花香果甜如蜜。在这美好的清晨，他们暂时忘记了防贼的烦恼……

脑力劳动也是劳动吗？

劳动者通过自己的劳动获取报酬，脑力劳动也是劳动的一种形式。

我们比较熟悉的工业生产、农业种植等以体力为主的劳动，叫作体力劳动，而科学研究、技术创新、文化艺术发展等，运用劳动者智力的劳动，叫作脑力劳动。

棕熊贝儿帮助357采集冰块，就属于体力劳动。而他运用自己的知识，研制和发明驱虫药水，这就是脑力劳动了。

体力劳动和脑力劳动都能创造价值，因此都应当获得报酬。不同的是，脑力劳动更具有继承性和积累性，正如我们在学校里学习的各种知识，都是人类不断积累和传承的结果。我们使用的电脑、手机等科技产品能够不断地发展和更新换代，也是脑力劳动积累和传承的结果。

贝壳是理想的货币吗？其他东西能成为货币吗？

大雁从南方带回的贝壳因为美丽、耐用，而受到冰雪森林居民的喜爱，慢慢从中间商品变成大家普遍接受的交易媒介——货币。

贝壳使交易变得十分方便，它小巧、耐用，是一种不错的货币。但是，它还不够理想，比如易碎、难以分割等等，特别是在冰雪森林这样的内陆地区，贝壳丢失、坏掉又没法补充，最后只会越来越少。

在以物易物的交易中，只要双方认可，就可以进行交换。但是作为货币使用的东西，必须受到社会的普遍认可。在人类的历史上，除了贝壳、烟草、棉花、牲畜、某些金属都曾经充当过货币。那么什么才是理想的货币材料呢？其实你已经知道了，古代中国人长期使用金、银、铜（其实是一种合金）作为货币。但是，这个演化的过程是十分漫长的，甚至在很长一段时间里，实物货币、金属货币和以物易物都可能是同时存在的。

1

问：哪些职业属于从事脑力劳动？请举几个例子。

2

问：哪些职业属于从事体力劳动？请举几个例子。

3

问：人类历史上曾出现过哪些奇特的货币？

3 笨贼一箩筐

棕熊贝儿在冰雪森林的棕熊家族中，是个十分特别的存在。他从小就对棕熊们热衷的摔跤游戏不感兴趣，反而喜欢独自躲起来，研究森林里的花草树木。他热爱冰雪森林，也希望大家和他一样，爱护这里的一草一木。所以，贝儿干脆把领地的一部分改造成草药园，种满了花花草草，取名叫"熊草堂"。这样，他躲在家里，也能安安静静地搞研究。

贝儿住在一棵粗壮健康、枝繁叶茂的大树里。他的家中摆满了各种实验仪器和植物标本，而且还在不断地增加。他对冰雪森林里的药用植物了如指掌，不管鸟儿吃了不干净的东西拉肚子、小狼和小虎打架伤了手臂，还是虫子咬坏了谁的皮毛……大家都会径直走进"熊草堂"讨一服草药，用不了多久，就全好了！

357看见京宝和许多小伙伴被蚊虫折磨得气急败坏、心情烦躁，所以就想出请棕熊贝儿配制药水的主意。本来贝儿对植物研究的热情是十分单纯的，喜欢就去做，并不在意结果。可是，357的请求倒让贝儿开了窍，他没有想到，自己那些关于药用植物的知识除了服务大家，还有创造商业价值的一天。从山上回来以后，他就一直在实验室里忙活，一连配制了好几种药水。最后，他选出了最满意的一种，装在绿色的细颈小瓶里，天刚蒙蒙亮，就迫不及待地到"鼠来宝"找357。

他的确是来得太早了，"鼠来宝"的大门和露台虽然都开着，可是357他们三个最近一直守夜，已经困得睡着了。

天空中飘着大块的积雨云，云塔越积越高。乌鸦们在林地上空盘旋，向森林居民们预警——暴雨将至。

贝儿注意到"鼠来宝"附近的地面上有一些奇怪的空洞，如果真下起大雨，恐怕地下仓库要遭殃。贝儿干脆放下药水，搬来土和石块，修整起地面来。他把地面踩得异常坚固，这下，别说大雨，就是洪水也不怕。

一会儿工夫，地面修好了。贝儿刚把药水摆在露台上，京宝恰好也睡醒了，

他赶紧推醒 357 和扎克，自己则迫不及待地先跳上露台。

药水！357 简直不敢相信，贝儿的效率真是太高了！

京宝小心翼翼地拔出瓶塞，一丝清甜的香气飘散出来。

357 陶醉地闭上眼睛："是鲜花！"

京宝补充道："有野果！"

扎克动动鼻子："是森林的味道！"

花香、果香、青草和树木的香气……这些原本不属于同一种类的气味融

合在一起，竟然如鸟儿们的清晨大合唱一般美妙和谐。

357 问："那凉凉的味道是什么？好清爽！"

贝儿解释说："是薄荷，它里面的薄荷醇会产生冰凉的感觉。除此之外，

这里面还有金银花、丁香、夏枯草、艾叶、紫花地丁和梅花冰片，用森林露水和山泉水小心地萃取，就可以了！"

京宝已经迫不及待地搽在身上了，果然清凉舒爽，暑热仿佛瞬间被驱散，而且气味香甜，像被春风拥抱着一般舒服："太棒了贝儿，你的药水叫什么名字？"

这可把贝儿难住了："驱虫药水就叫'驱虫药水'呗，能有什么名字？"

"可不仅是驱虫止痒。"357也洒了一些药水在身上，"它的香气这样美妙，我看一定会大受欢迎！"

"对，得给它起个好名字。"扎克掰着爪子小声说道，"六种花草，还有梅花冰片、森林露水和高山泉水……"

"有了！"357叫道，"就叫它'六花神露水'，怎么样？"

"六花神露水？"其他几位小伙伴不由自主一齐念道。

"好名字！就是这个了！"贝儿笑眯眯地抓抓耳朵，"357可真聪明，听起来跟'驱虫药水'简直不是同一种东西了！"

"是你聪明才对！这神露水的味道太棒了，贝尔，麻烦你多做一些，我们在店里卖起来！"

"没问题！不过萃取要花些功夫，而且我需要一些时间采集花草、收集露水和泉水。呼！今天我要睡个觉了，等我做好了再给你送过来。"已经落了几滴雨点，贝儿指指天上的积雨云，"这场雨怕是不小，我先回家了。地面我虽然帮你们修整好了，不过还是要小心，别让地下仓库渗水。"贝儿说完，帮忙把"鼠来宝"的露台收好。

357 谢过了贝儿，和京宝、扎克回到店里躲雨。冰雪森林地下城里的许多居民都丢了东西，所以大家都守在自己的家里，很少出来走动，"鼠来宝"里倒是难得清静。

"357，"扎克忽然想起，"你的故事还没讲完呢！"

京宝说："对啊，怎么逃出来的，还没有讲呢！"

"讲到哪里来着？"

扎克提醒："到'咚、咚、咚，我听见有脚步声走近'那里。"

"嗯，那么继续。说到有脚步声走近，咚……"

"嘘——"京宝的耳朵又动了动，"我好像又听见脚步声了。"

"怎么可能！别吓我，贝儿已经回家了！"扎克又要卷成一团。

他们三个竖起耳朵，仔细地听，的确有声音。是雨滴打在墙面上的声音吗？

京宝没有回话，只是用爪子指指地下。

咚，又是一声。小型森林居民的听觉是十分灵敏的，这是经过几百万年时间进化出的特殊技能。声音虽然不大，但 357 也清清楚楚地听到了，扎克立刻缩成一团。京宝轻轻地走近楼梯，示意 357 跟在他后面。他们一边走进地下仓库，一边仍然不时听见咚咚的声音。京宝趴在仓库的门上仔细听，终于确认，声音的确是从里面传出来的。而那间仓库，是冰屋！

357 刚要开门，就被京宝挡开了。京宝耍了几招功夫，他的意思是：我有功夫，我来！

京宝刚刚把爪子搭在门把手上，就感觉到自己的肩膀被什么东西拍了一下，可是 357 明明站在自己旁边，京宝吓得大尾巴猛烈地一抖，差一点就要叫出声来。他猛一回头——呼！原来是扎克，他不知什么时候也跟了下来。

　　扎克指指门，又指了指自己背上的刺，意思是说：你们开门，我冲进去！

　　这主意不错，管它是什么东西，先扎一顿再说！

　　一、二、三，开门——扎克低头冲进去，没想到直接撞在了巨大的冰块上。京宝和 357 也冲进冰屋——奇怪，里面除了冰块，什么也

没有！可是，刚才的声音的确是从冰屋里

传出来的啊。

他们正百思不得其解，突然，又是咚咚两声。这一次响声非常清晰，京宝耳朵一转，忽然回身指向身后的大冰块："在这后面！"

没错，声音的确是从冰块后面传出来的，但是音量并不大，如果不仔细听，或者正在说话，根本就听不见。三个小伙伴交换了一下眼神，决定一齐把冰块移开，看看背后究竟有什么玄机。

"嘿——吼！"他们憋足了劲儿，大冰块终于被移开了一点。

"啊？！"京宝简直不敢相信自己的眼睛——冰块后面的墙面上已经被掏出了一个大窟窿！啪嗒，一条红色的尾巴掉了出来。京宝用力一拉，一只已经僵硬的狐狸——狐狸歪歪，扑通一声，掉到了地上。

357和扎克吓了一跳，这太不可思议了！狐狸歪歪显然已经在里面困了好久，他冻得就要晕过去了。求生的本能让歪歪每当清醒一点时，就用腿死命地蹬，试图发出求救信号，这就是京宝他们听到的咚咚声。

扎克钻进洞口向上看："难怪他被困在里头了，地面的洞口已经被封住了。"

357两只眼睛一转，"哦！"他明白了，"是贝儿给咱们修理了地面！"

原来，狐狸歪歪想趁夜钻进"鼠来宝"的地下仓库里面偷东西——森林居民都知道，"鼠来宝"里有数不清的好东西，还有许许多多的贝壳。谁知道，这只笨狐狸选错了方位，直接挖到冰屋方向了。

天亮时分，也就是棕熊贝儿开始修整地面时，狐狸歪歪已经感觉到地面有些动静，但是狐狸们总是对自己的挖洞技术过分自信，以为挖进仓库，吃饱喝足之后，再打洞出来简直就是小意思。他万万没想到，地面上干活的可是热爱搞研究的贝儿，他那个认真劲儿——先用土把每个洞都塞得严严实实，又用石头把地面铺得平平整整，最后，还一丝不苟地用他那宽阔的熊掌，在表面来来回回踩个踏实才算完事。

　　结果，狐狸歪歪向左挖呀、向右挖呀，挖来挖去还是巨大而寒冷的坚冰，向上挖，又被石块压着出不去，直到他耗尽了所有的力气，终于精疲力竭地困在了地洞里。如果不是京宝他们听觉灵敏，恐怕歪歪就要变成"冷冻狐狸"了！

脑力劳动者看起来很轻松，有时候却比体力劳动者工资高，这合理吗？

以使用智力为主的工作看起来似乎不费力气，但实际上花费时间和精力上的辛苦常常一点也不比体力劳动少。比如，保洁工作作为一种体力劳动，通常只需要简单的培训就可以胜任。而脑力劳动通常更加复杂，需要经过长时间的学习和培训。就像想要成为一名教师，需要从小就读书，后续接受专业教育并获得资格才行。可以说，体力劳动和脑力劳动付出的辛苦，只是时间和形式不同罢了。

许多体力劳动都是危险、枯燥而辛苦的。人类在科技领域的巨大投入，其目的之一就是为了有朝一日，机器可以代替人类，去完成那些危险、辛苦和枯燥的体力劳动。

不一定! 除了劳动的复杂程度之外，劳动力的价格——工资，也受"供求关系"的影响。商品有一个市场，劳动力也有一个市场——只要是市场，就有供给和需求，并且"供"与"求"的相对力量会影响价格。

有一些体力劳动由于辛苦、危险等原因，很少有人愿意做，也就是说，劳动力的供给有限，因此需求方必须给出很高的工资，才能找到人来做。还有一些发达国家和地区，因为人口本来就不多，受教育程度也普遍较高，从事体力劳动的人口就更少了。在这样的地方，体力劳动和脑力劳动的工资差别就不是很大，有时还会出现"倒挂"的情况，即体力劳动者的工资超过脑力劳动者。

因此劳动，或者说工作、职业本身是没有高低贵贱之分的。尽自己最大的努力，认真负责地完成工作，就是一位出色的劳动者。

1

问：棕熊贝儿发明驱虫药水，属于体力劳动还是脑力劳动？

2

问：357 为什么要给驱虫药水起名字？

3

问：超市里有些"名牌食品"价格贵一些，但也有很多人买，为什么？

4 深夜围捕行动

地下城的居民可不是好欺负的!

所谓"天网恢恢,疏而不漏",遭贼的地下城居民们,陆陆续续在家里发现了一些蛛丝马迹,比如——红色的狐狸毛。这几乎可以肯定,森林盗贼并不神秘,就是狐狸家族了!可是地下城的居民并未声张,他们安静地计划,小心地部署,争取"狐赃并获"。同时,他们向森林事务所请求御林军支援,防止小偷趁乱逃脱。

虽然地下城不见天日,居民们的视觉稍有退化,可是听觉和嗅觉却异常灵敏,是整个森林中的翘楚。357 他们在"鼠来宝"守夜的这一晚,地下城也展开了捉贼行动。几乎所有夜行居民都没有外出,御林军空中部队的猫头鹰们静静地在树梢站岗,见狐狸们全部钻入地下城后,发出信号。御林军的地下部队——鼹鼠军闻声出动,向同一个方位驱赶狐狸。

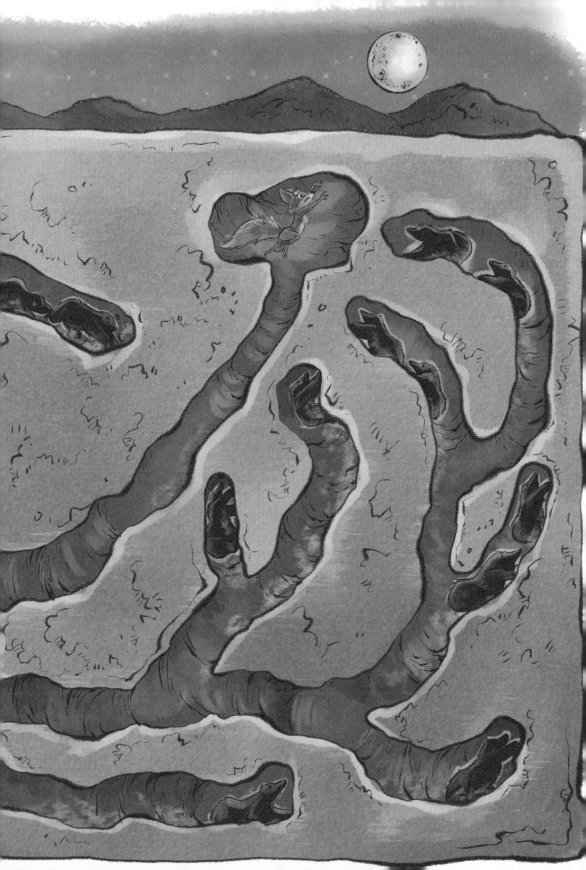

狐狸们显然缺乏盗窃经验，既没有进行事前侦察，也没有逃生预案，发现事情败露就慌不择路——有卡在石头缝里动弹不得的，有被树根缠住的，有被地下城陷阱套住的，还有完全乱了方向，一直往地下打洞，最后累晕过去的……负责守洞口的猞猁猫部队竟然一无所获，还得靠鼹鼠部队一只一只地把他们捞出来。那位非常倔强的狐狸阿呆，居然一路打洞逃到了河边，于是被御林军的河道部队水獭军给包抄了！

　　御林军四路大军完美合作，加上357、京宝和扎克捉住狐狸歪歪，狐狸一家大小三十多位悉数落网。真是笨贼一箩筐！

　　狐狸歪歪在"鼠来宝"通往冰屋的地洞里冻了一夜，还没有暖和过来，缩成一团动弹不得。而那些被御林军捉住的笨狐狸们，也一个个垂头丧气，灰头土脸，等待森林事务所的审判。

　　第二天，太阳从树梢滑落，沉入大山的怀抱时，森林居民们都向林地中央走去。此时，昼行居民们结束了一天的劳动，夜行居民们也从睡梦中醒来，正是森林委员会召集全体居民开会的好时候。为了审判狐狸们的罪行，森林委员会长老金雕爷爷、森林事务所的狗熊所长也都出席了。

　　"咳咳！"狗熊所长先开口，他这两声咳，吓得狐狸们直哆嗦，"最近事务所疏于防范，让地下城的各位遭受了损失，我先向大家道歉了……"

　　"狗熊所长不要自责。"八十岁的金雕爷爷安慰道，"事务所的各位本就是义务劳动，大家能在冰雪森林安居乐业，你们已经功不可没。"

　　居民们纷纷点头。虽然森林居民中有狗熊所长那样的大块头，也有357

这样的小家伙，可是无论大小，大家都要填饱肚子啊，除了义务劳动，还得想办法多存些贝壳。

　　"谢谢金雕长老。"狗熊所长说道。他为了赚钱养活家里的熊孩子们已经相当不容易，还要负责森林的安防工作，真是难为他了。

　　金雕爷爷慢悠悠地说："《森林公约》规定，森林居民应明是非、别善恶，偷盗财物者治罪。"

　　大家异口同声地喊道："治罪！"

　　金雕爷爷向狐狸们发问："己所不欲，勿施于人。狐狸们可知错？"

　　歪歪哭哭啼啼地求饶："狗熊所长、金雕爷爷，我们实在是逼不得已啊……我们的游乐场毁了，所有积蓄都花光了，一开始还有些鱼吃，后来

只能吃草、吃虫子，实在吃不饱……我们只是想活命啊……对不起大家了，

求求你们，原谅我们吧！"

其他狐狸也一起求饶："我们错了，再也不敢啦……"

金雕爷爷摸摸胡子："既有《森林公约》，应依

法而治。不过……"金雕爷爷看

看大家，问道，

"可有愿意为狐狸们求情的吗？"

森林里一片安静。

"我愿意！"357第一个站出来，"我愿意为他们求情。金雕爷爷、狗熊所长，虽然'鼠来宝'也险些被盗，可是我相信他们只是太饿了。"

"我同意！"京宝永远站在357的身边，"他们是犯错了，但也应该给他们改正的机会。"

"对！"扎克也支持，"他们在经营上犯了错误，遭受了损失。可是他们并没有赖账，至少我们'鼠来宝'的账单，他们一枚贝壳也没少付。可以让他们将功折罪嘛！"

狐狸们感激得呜呜哭起来，七嘴八舌地大声叫着："我们愿意补偿大家，愿意义务劳动，愿意为大家服务，请给我们机会将功折罪吧！"

黄鼠狼养鸡场的阿黄拖着长音说道："细细想来，的确如此。经营游乐

场时，狐狸们曾经在我的养鸡场订了一些鸡和鸡蛋。付款虽然迟了一些，但凭良心说，他们的确没有赖账。"

驯鹿建筑队队长鹿游原也站出来："俺老鹿可以证明，材料费和劳务费也是分文不少！"

棕熊妈妈对狗熊所长说："我们家的地，租金已经付清了，地面也清理干净了。"

狐狸们虽然创业失败，可是也的确勒紧肚皮，拿出所有还清了欠款。仅凭这一点，就有债主愿意站出来为他们说话。

金雕爷爷低头思考片刻，又问道："歪歪，你们知不知道，你们偷了谁家的食物和贝壳，就意味着谁家可能就要饿肚子。"

歪歪擦擦眼泪回答说："回金雕爷爷的话，正因为我们不想一直做小偷啊，我们想积累一点本钱，把毁掉的游乐场重新修好，重开游乐场，靠自己的本事赚钱。"

狐狸阿瘦也哆哆嗦嗦地说道："我们计划只在每家偷一点点贝壳，不会偷光让他们饿肚子，否则也不会全体出动啊……"

地下城的居民们忍不住小声笑起来，的确，之前被偷走的贝壳还没有他们留下的罪证多。而且，按照他们今晚的行动路线，挖到天亮也找不到贝壳。

歪歪又补充道："我们想赚到钱以后，再把偷来的钱还回去……"狐狸们纷纷点头，态度十分诚恳。

金雕爷爷点点头："各位年轻的居民，过去的事你们可能不知道，狐狸

们本来也是有一片领地的。"

"什么？"大家交头接耳，"还以为他们一直都是流浪汉呢！"

"没错！"金雕爷爷接着说，"很久很久以前，有一代狐狸因为破坏树木和污染土地，被当时的森林委员会没收了领地，从那以后，他们才开始流浪。"

"那件事已经过去很久了。"金雕爷爷感叹道，"歪歪他们这一代改了很多，这次犯错，也是事出有因。我看，如果狐狸们诚心认错，愿意把偷盗的贝壳还给大家，不如也把领地还给他们，让他们自力更生吧！"

狐狸们是否能获得一小块领地，还得经过森林委员会全体成员投票才能决定。大家会同意吗？

什么是义务劳动？

义务劳动是自愿进行的、不收取任何报酬的劳动。这类劳动通常直接服务于公益事业，比如绿化、敬老、环境保护等。我们称参加义务劳动的人为"志愿者"或"义工"。

我们知道，劳动创造价值，并且劳动者付出了时间和精力，因此收取报酬是十分合理的。但是，有些劳动是难以用金钱来衡量的，比如我们在学校值日打扫卫生、参加植树活动、到敬老院探望老人、参与环保宣传……这些劳动不仅有益于社会，锻炼了我们的能力，而且我们通过参与这些活动所收获的快乐和满足感，比金钱还要珍贵。

还有一种义务劳动相信你一定参与过，那就是——家务劳动。家务劳动是每一位家庭成员应尽的义务，有些国家甚至讨论过立法，要求家庭成员参与。千万别以为妈妈天生就是要做家务活的，爸爸和你也是家庭的一分子，都有分担家务劳动的义务。还有，别忘了义务劳动是不收取报酬的啊！

御林军如果全心全意参加义务劳动，会发生什么？

　　不只是御林军，故事里的每一位小动物、现实世界中的每一个人，我们所拥有的时间和精力，都是有限的，是一种"稀缺资源"。这意味着，如果我们想用时间和精力来做一件事，有时候就不得不放弃另外一件事。这一点你一定有体会：你要做功课、练习音乐或者体育，那么就没有时间看漫画书或者动画片、没有时间跟小伙伴们玩了，反过来也是一样。有时候，我们多希望有花不完的时间、用不完的精力，可惜谁都没有。一天只有 24 个小时，可是我们想做的事情太多了！

　　在经济学里，为了得到一种东西，就要放弃另一种东西——这个被放弃的东西，叫作"机会成本"。故事里的御林军如果全心全意地投入保护森林的义务劳动，那么他们就不得不放弃赚钱的工作。反过来，如果全身心地去工作赚钱，那么就要放弃义务劳动。义务劳动和赚钱的劳动相比，显然放弃义务劳动的成本更低，所以他们的选择无可指责——毕竟动物也得吃饭！

1

问：我们生活中有哪些常见的义务劳动？

2

问："鱼和熊掌不可兼得"这句话里包含着一个经济学概念，你知道它是什么吗？

3

问：如何从"机会成本"的角度考虑问题？

5 神奇的税金

那真的是很久很久以前的事了……连歪歪这一代狐狸们自己，都以为他们天生就是流浪汉，哪知道，原来他们曾经也是有领地的。有领地在冰雪森林中意味着什么？意味着，他们是被冰雪森林官方认证的居民，是全体森林居民的一员！意味着在森林委员会开大会时，可以发言，可以提出意见，可以参与投票！意味着他们从此可以自称是冰雪森林的公民！狐狸们想到这里，脸上露出了做美梦一般的神情。

"多谢金雕爷爷！多谢金雕爷爷！"狐狸们感激涕零，"我们愿意归还大家的贝壳，等我们自己赚钱了，再双倍归还大家的食物！"

狗熊所长冷着脸说："不管有什么理由，偷盗犯罪是事实，狐狸们必须参加义务劳动，负责巡夜两次月圆的时间。各位是否同意？"

我们愿意接受惩罚！

狐狸游乐场曾给冰雪森林居民们带来许多快乐，他们愿意给狐狸一次机会。

各位居民有反对意见吗？

游乐场破产，我的鸡蛋销量都少了一半……

看见大部分居民都表示赞同，金雕爷爷满意地点点头。狗熊所长宣布："既然如此，现在开始投票，绿树叶代表赞成，红树叶代表反对，黄树叶代表弃权，每位居民只能投一票，由紫貂姐妹监票。明天日落之后，如果投票箱里绿叶超过红叶，那么森林大道南端3号地就归还给狐狸一家。狐狸们必须归还偷盗的贝壳，并在下次月圆之前，将食物归还给地下城的居民。今后狐狸们必须安守本分，认真经营，不许再偷窃！"

"谢谢金雕爷爷！谢谢狗熊所长！谢谢大家！请大家投一张赞成票吧！"狐狸们不停地向大伙儿敬礼。

森林会议散会后，昼行居民们都睡去了，夜行居民们有的开始劳动，有的在森林里夜巡。星月皎洁，明河在天，只有金雕爷爷、狗熊所长和一些居民代表还在热烈地讨论，他们在商量什么呢？

原来，狗熊所长领导的森林事务所，一直负责冰雪森林的日常事务和安保工作，他领导着一支由猫头鹰、猞猁猫、鼹鼠和水獭组成的御林军，定期巡查天空、地面、地下和河道，全方位保证冰雪森林和居民的安全。可无论是狗熊所长还是御林军成员，大家一直都是义务劳动。

从前，森林居民们为了表示感谢，会赠送一些食物给他们。可是，贝壳出现在冰雪森林以后，大家不再有多余的食物，而是储存贝壳，等需要食物的时候再用贝壳购买。于是，狗熊所长和御林军就面临一个难题——如果他们全心全力地处理森林事物、认真巡逻，就没有足够的时间去做赚钱的工作，搞不好全家都要饿肚子；可是，如果他们去做其他赚钱的工作，就没有足够的时间和精力来保卫森林安全了。

在"狐狸盗窃案"以前，事务所通常是很平静的。而且，狐狸这种小偷小摸，哪里逃得过猫头鹰的眼睛和鼹鼠的鼻子？可是现在，御林军为了填饱肚子奔忙已经够辛苦了，巡逻的时候难免打瞌睡，狐狸们这才有了可乘之机。

"都是贝壳惹的祸！"狗熊所长抱怨道，"以前大家吃饱肚子就够了，现在总想着多赚点钱！"

"怎么能怪贝壳呢？大家都在努力劳动，创造价值，这不是很好吗？"金雕爷爷总能看见好的一面，"总会有其他办法的。"

"如果我们能专心巡逻，不用担心晚餐就好了。"猫头鹰捕头说，"我在树上站岗，心里老不由得想到多捉一些青蛙和蜥蜴赚钱买吃的……

太惭愧了！"

"金雕爷爷、狗熊所长，我有个想法。" 357 说，"事务所是为全体森林居民服务的，御林军保卫的也是整个森林的安全，既然这也是一种劳动，是不是也应该获得报酬呢？"

比金雕爷爷年纪还大的乌龟爷爷问："可是这个'报酬'应该由谁来支付呢？"这的确是个问题，如果是一对一的交易，那很简单，"一手交钱，一手交货"就是了。可是御林军有那么多，森林居民更多，这可有点麻烦……

"应该由享受劳动成果的一方来支付——也就是全体森林居民。" 357 的想法很聪明，他把"御林军"和"森林居民"分别视为一个整体，而不是零散的一大群个体。御林军提供保卫服务，

森林居民共同支付报酬就好了。

"有道理！"金雕爷爷点点头，"如果森林不安全，大家都会遭受损失。可是……怎样向森林居民们收取贝壳呢？该收多少呢？有案件的时候收，还是定期收呢？向每位居民收，还是只向得到帮助的居民收呢？"

357扑闪着两只大眼睛："应该按照收入，定期征收一定比例的贝壳。"

狗熊所长掐指一算："那可是一大笔钱啊！大概远远超过支付事务所和御林军的报酬了。"

357 继续解释道："剩余的可以由森林事务所统一保管，用在其他地方——当然，必须是对全体森林居民有益的地方，因为钱是大家的嘛！"

"对呀！"狗熊所长熊掌一拍，"比如把咱们的森林大道修整一番，在林地中心建一个小公园，事务所还可以请一些清洁工，保持林地的干净整洁……大家都开心！"

"没错！"357 说，"只要掌握一个原则——取之于民，用之于民，就可以了！"

"不过……"金雕爷爷犹豫了一下，"向森林居民们收钱，大家会愿意吗？"

　　"把这件事的好处跟大家说明白，由大家投票决定就好了！"狗熊所长好像很喜欢这个主意。

　　"我愿意！"357带头表示，"还有，也不是每位居民都要收，只是对那些有收入的居民，对超过生活必要开销的部分，征收很小一部分。这样一来，其实每位居民付出的数量很少，可是益处却相当大！"

　　经营养鸡场的阿黄也同意："没错，如果森林不安全，养鸡场也要遭受损失。我也愿意！"

建筑队长鹿游原说："用少少的钱，换来大大的安全、大大的舒适……听起来不错，俺也愿意！"

……

不久之后，森林居民除了投票赞成把森林大道南端3号土地归还给狐狸家族之外，还投票通过，有收入的森林居民，都拿出家庭收入中的一小部分，交给森林委员会，用来保护森林安全，改善全体居民的生活环境。取之于民、用之于民，森林居民们称它为"税"或"税金"。

"税"是什么东西？

国家依照法律规定，向企业或集体、个人强制征收的货币或实物叫作"税"。许多国家的政府利用税收完成基础设施建设，构建社会福利体系，并在经济萧条时增加投入，用来刺激经济。总体来说，税收的用途非常广泛，如果应用得当，社会上大多数人都会受益。

森林委员会为什么要用投票的方式做决定？

冰雪森林是大家的，所以在做决定时，每一位森林居民都有平等参与公共事务讨论和决策的权利。用投票的方式听取每一位居民的想法，再依照"少数服从多数"的办法做出决定，这样能够体现大多数居民的意志，是一种相对公平的决策制度。

"税"跟我们有什么关系？

作为学生，我们还没有收入，自然也就不用纳税。但是如果你的爸爸妈妈有工作，他们很可能就是纳税人。虽然他们缴纳的税款不能像其他花出去的钱一样，直接换来我们想要的东西，可是这些税金绝对不是白交的。如果你上的是公立学校，那么你享受的"九年义务教育"的学费就是由税金来支付的。我们每天上学经过的那些公路、桥梁、公园，甚至我们的学校，水管里流出的干净的自来水，污水排放处理、垃圾处理等公共设施与服务，样样都离不开税金。

故事中的森林御林军负责保卫整个森林和居民的安全，这就属于公共服务，所以劳动报酬应当由森林居民们交纳的税金来支付。在现实生活中也是这样的，警察保卫城市和公民安全，一般情况下他们的工资也来自纳税人交纳的税金。

1

问：御林军的工资要用大家交纳的税金来付，这合理吗？

2

问：阿黄为什么支持交税的提议呢？

3

问：生活中你认为哪些设施属于公共服务系统？建造这些设施的钱是从哪儿来的？

小词典

利 润

商家获得的销售收入扣除所有成本之后，剩下的就是利润。

促 销

营销者以吸引消费者、增加产品和服务销售量为目的，进行的宣传活动。

定 金

一方当事人为了保证合同的履行，向对方当事人给付一定数量的款项，具有担保和证明合同成立的作用。

体力劳动

主要依靠劳动者运用身体机能创造价值的劳动，如工业、农业生产劳动等。

脑力劳动

以消耗劳动者脑力、智力、知识为主的劳动，如科学研究、艺术创作等。

租 金

资产所有人向使用人收取的资产使用费用。

工 资

雇佣者以货币形式向劳动者支付的报酬。

义务劳动

劳动者自愿进行的、不收取任何报酬的劳动。

机会成本

面临多种选择时，所放弃的选项中价值最高的一项，就是此次决策的机会成本。

巧用税收和价格原理——公共交通

你所生活的城市，是否有公共汽车和地铁呢？公共汽车、地铁等向公众提供运输服务的交通方式，属于"公共交通"，一般是由当地政府出资建设并运营的。除了我们看得见的车辆和服务人员，公共交通的运营还有许多我们看不见的部分，比如公路的建设和维护，地铁设施的修建，以及车辆的管理、调度等，这每一项工作都需要大量的人力、物力和财力，才能维持其正常运转。

与公共交通巨额的建设和维护费用相比，公共交通的使用费用却是相对便宜的。如果你到过一些国家的大城市，也会发现虽然这些地方的物价较高，但公共交通还是相对便宜的，对特殊群体（如老年人、残疾人、学生等）还有一定的优惠。这是为什么呢？

实际上，大城市的公共交通运营成本同样是很高的，仅凭乘客支付的车票价格，是不够维持工作人员的工资、设备的更新和维护、安保等众多开支的，许多城市的公共交通都是亏本运营的。都已经亏本了，继续运营的钱从哪里来呢？答案就是政府"财政补贴"，也就是车票

收入之外不足的那部分，由政府从"税收"里面划出钱来补足。

那么你可能有疑问了：成本不足，涨价就好了，车票价格提高一点也没什么大不了，干吗费劲兜圈子，用税收去"补贴"呢？这就要回到我们学过的"价格原理"了。我们知道，大城市人口众多，多多少少有些交通拥堵问题。假如人人都乘坐私家车出行，那不就雪上加霜了？所以，政府希望大家尽量选择公共交通出行，既能解决一部分拥堵问题，还有利于保护环境，于是就用到了价格手段来调节，一边降低公共交通的价格，一边严格限制停车并适当提高停车场收费，这样一来，一部分人考虑到出行成本的差异，就会倾向于乘坐公共交通。

你看，这就是价格原理在实际生活中的应用，不必使出过于强硬的手段，强迫大家必须选择公共交通，而是用很低的价格，吸引一部分人自愿乘坐。同时，这也是税收使用方法的一个好例子，许多城市都有类似的"补贴"，而且使用范围也不限于公共交通。

对于大城市的交通拥堵问题，你能想出更好的解决办法吗？和小伙伴们一起，用学过的经济学知识来讨论吧！

图书在版编目（CIP）数据

我的财商小课堂. 神奇的税金 / 龚思铭著；肖叶主编；郑洪杰, 于春华
绘. –– 北京：天天出版社, 2021.7
（森林商学园）
ISBN 978–7–5016–1723–4

Ⅰ. ①我… Ⅱ. ①龚… ②肖… ③郑… ④于… Ⅲ. ①财务管理—少儿
读物 Ⅳ. ①TS976.15–49

中国版本图书馆CIP数据核字(2021)第104569号

森林商学园

我的财商小课堂

小课堂

如何来挣钱

肖叶 主编　龚思铭 著

郑洪杰　于春华 绘

人民文学出版社 天天出版社

目　录

1 逃税居民霹雳

森林委员会颁发的《冰雪森林征税法案》正式生效了。按照规定，森林居民如果月收入超过 30 枚贝壳，就需要将超出部分的十分之一上交森林事务所，作为税金。可别小看这"十分之一"，大量的"十分之一"汇集起来可是相当巨大的一笔财富！有了这些税金，森林事务所和御林军可以从森林委员会领取一份工资，再也不用担心饿肚子了。

组成御林军的猫头鹰、猞猁猫、鼹鼠和水獭四路大军，本来就是天生的捕猎高手，一旦不用为生计发愁，专心于森林防卫，战斗力简直强得吓人！现在的冰雪森林可谓路不拾遗，在林地里丢了东西不怕，返回寻觅，准还在那里。

虽然"税金"是个好东西，可也不是每位森林居民都心甘情愿地交税。比如，暴脾气的兔子霹雳就颇为不满："我霹雳厉害得很哩，谁要御林军保护！"霹雳是冰雪森林里第一位，也是唯一一位拒绝纳税的居民。

"那玩意儿跟我有啥关系？哼！想搜刮我的钱，门儿都没有！我要搬到外面去住，自由自在！"霹雳背起一个小包袱，准备到雪山的另一侧去闯荡闯荡。听说棕熊贝儿春夏就住在山上，没有贝壳也活得好好的，霹雳觉得自己也没问题。

"跨过小河堤——"霹雳心情不错，边走边扯起嗓子唱起来，"没有357！357是坏东西，尽出馊主意！跨过小河堤，没有357……"

霹雳准备在河堤收窄的地方架桥渡河。冰河的另一侧虽然也是冰雪森林的领地，可常有人类出没。"除了棕熊、老虎这样的猛兽，金雕、猫头鹰这样的猛禽，或者357这样的猛……聪明过头的怪家伙，一般居民是不敢轻易渡河的。"霹雳这样想着，觉得自己十分勇敢。

"过了河，我霹雳就是一条好汉！"霹雳铆足了劲儿，用枯树枝架桥，"哈哈！冰雪森林最生猛的'猛兔'霹雳来啦！"他大摇大摆地跨过冰河，扑通一声跳落在河对岸的草地上。

霹雳直挺挺地站了一会儿，深呼吸，终于壮着胆子迈开大步："哼！这边的土地踩起来也没什么区别嘛！狗熊所长是骗子，哈哈哈！"

为了防止森林居民，特别是小型森林居民和幼崽到河对岸玩耍，森林里一直流传着狗熊所长的警告：冰河对岸充满了人类设下的机关和陷阱，那是一片有去无回的沼泽——只要踩到那边的土地，它就会张开大嘴把你吃掉，再也回不了家……

霹雳越走胆子越大，越走越得意。他刚准备继续唱歌，两只耳朵噌地竖了起来——林子里有声音！是什么？人类吗？霹雳站住不动，两只耳朵紧张地搜索声音的来源。

"呀！"霹雳大叫一声，撒腿就跑。

原来是猎犬！一只跟老虎奔奔差不多大的猎犬从林子里扑了出来，霹雳吓

得撒腿就跑。他飞奔回河边，幸好那桥还在！霹雳连滚带爬地冲过小桥，又使出吃奶的劲儿，把枯树枝搬开，试图阻止猎犬继续追赶。谁知，那猎犬根本不怕水，他毫不犹豫地跳进奔涌的冰河，紧跟着霹雳冲进林地。本来霹雳钻进地洞，猎犬也无可奈何，可是这里离霹雳的家太远了，他只好撒腿冲进树林，大喊救命。可是霹雳除了自己的呼救声和猎犬兴奋的叫声，什么也听不到……

就在霹雳筋疲力尽，近乎绝望的时刻，那猎犬忽然停下来了，霹雳趁机拼命地挖洞。可是，那猎犬又俯下身，尾巴也慢慢垂下去。远处，猎犬的主人在呼唤他的名字。猎犬犹豫了一会儿，慢慢退后，终于转身跑了。霹雳洞也不挖了，他喘着粗气，重新挺胸抬头，上气不接下气地说道："哼，狗仗人势！到底……是我霹雳的地盘，算你……识相！霹雳就是最厉害的猛兔！"

"哎呀！"霹雳转身，又吓了一跳。不知什么时候，一群狼出现在他身后。

原来，猎犬怕的不是自己，而是狼群！

"咳咳！"霹雳故作镇静，"多谢各位狼兄搭救！"

霹雳从包袱里抓出几枚贝壳："嗯……一点小意思，请各位……"

狼群首领狼威风摆摆手："你把贝壳收回去吧！我们是新任御林军，职责所在，不必言谢！"

狼威风又一挥手，狼群瞬间消失在林地里。

霹雳握紧小拳头朝林子里喊："我是想说请各位喝茶，我不是怕丢脸！"

说完这话他自己也觉得好笑，何必嘴硬呢。再看看手里的贝壳，霹雳才明白，

原来那些"税"也不是白收的。这不，森林事务所又扩充了御林军，要是没有他们，刚才自己的小命可能就没了。一代猛兔霹雳，要是被狗捉住，最后变成人类餐桌上的一道菜……

　　"我说收集那么多钱都花到哪里去了呢，交就交，反正我也不吃亏！"

　　这小小的"惊魂事件"之后，霹雳不再认为自己是"最厉害"的了，更明白了御林军可不是摆设，就算他们站在那里不出手，对闯入冰雪森林的家伙来说，就是一种威慑！

　　另外，除了扩充御林军保卫森林安全，森林委员会和森林事务所还用收上来的税金修整了森林大道，建起了森林公园。而且，所有参加公共劳动的森林居民，都和御林军一样，可以从森林事务所领取一份报酬，不用担心饿肚子。

这样的好事，霹雳当然也没落下。森林公园完工后，他也从狗熊所长那里领取了一小袋贝壳。霹雳打开袋子一数，还不少呢！"嘿！这个贝壳……"霹雳抓着一枚贝壳给357看，"这就是我当初交上去的'税'啊，看，它又

回来了！"

　　357 仔细一瞧，贝壳的边缘有一个小小的牙印。

　　"这是我啃的。"霹雳说，"当初舍不得它被搜刮去啊，摸着摸着，我就啃了一口。"

　　"把大家的钱拿去自己享用，那才叫'搜刮'；像这样，用大家的钱，做大家受益的事……"

　　"叫'收税'！明白！"霹雳握着他"失而复得"的小贝壳，"它曾离开了我，我干了几天活，嘿，它又回来了。森林里还多出个公园来，真不错！看起来'税'真不是坏东西！"

所有人都要交税吗?

在我国,有交税义务的人称为"纳税人"。这个"纳税人"不一定是个人,也可以是集体或是企业。

由于生活有一些必要的开销,为了保证基本生活,税收设置了一个"起征点"。故事里"森林居民如果月收入超过30枚贝壳,就需要将超出部分的十分之一上交森林事务所",这"30枚贝壳"就是"起征点"。假如森林居民的收入低于这一水平,就不必交税了。这样规定是为了保证低收入者的基本生活。

虽然学生没有收入,不是法律上的"纳税人",但是我们购买的一些商品中可能含有"消费税",只不过这些税由付款的大人们交纳了。

每个纳税人交的税一样多吗?

除了"起征点",我国的税法还规定了不同的"税种"和"税率"。也就是说不同收入的人群、不同的税种,适用的税率是不同的。

森林居民要将月收入超出30枚贝壳部分的十分之一作为税收上

交,这"十分之一"——也就是 10%, 就是冰雪森林规定的"税率"。

简单来说,收入越高,要交的税金也就越多。这一点体现了税收资源再分配的特征,让收入较少的人们也能够享受到社会服务和公共设施。

税收是什么时候出现的?

税收的历史可能比你想象的还要长,早在公元 2000 多年前,古埃及就有了比较完善的征税系统。你可能会想,那么久以前,连货币都还没有呢,用什么交税?其实,税收也有很多种形式。在货币出现之前,可以用物品或资源,比如古代中国的"纳粮",就是以粮食的形式交税。税收也可以是劳动的形式,比如古代中国的"服徭役",其实也是一种税。

1

问：兔子霹雳认为税收是"搜刮"，这种想法对吗？

2

问：兔子霹雳参加公共劳动还拿报酬，这样对吗？

3

问：狼群为什么愿意加入御林军，保护森林安全呢？

2 另一种"盗窃"

凉风至，白露生，寒蝉鸣，正是立秋好时节。

集市大门口，森林事务所的狗熊所长抱起一块大西瓜，认认真真地啃了一口——用这个"啃秋瓜"仪式，宣布冰雪森林的秋天集市开市了！森林居民们从四面八方赶来，拥入市场。

森林委员会用税金扩大了集市的场地，不仅不再像过去一样拥挤，还按照商品类别分成东西南北四个区域，显得井井有条。

357 也破天荒地来赶集了——他想借冰雪森林最热闹的集市，隆重推出棕熊贝儿发明的"六花神露水"。

　　"六花神露水"的配方经过几次调整和改良，终于确定了。棕熊贝儿挑选了最优质的花草，收集最干净的露水和山泉，经过清洗、过滤、蒸馏、萃取等多道工序，一共制作了 30 瓶。

　　"这么热闹，我看咱们的新产品一定能大受欢迎！"京宝一面把装着"六花神露水"的绿色玻璃瓶摆好，一面对 357 和扎克说。

　　357 却左顾右盼，似乎有些担心："京宝，你有没有觉得今年的集市有

点奇怪？"

"你是太久没来赶集了！"京宝笑道，"有很多陌生的面孔对吧？他们是从附近赶来的，咱们冰雪森林的集市可是远近闻名呢！"

"我是说……他们好像有目标似的，直直地就往东边去了，不像是逛集市的样子。"357望着来来往往的森林居民，似乎发现了原因，"你看，他们都拿着什么呀？"

京宝直起身子仔细一看，咦？怎么每位赶集客手里，都拿着一片树皮纸，上面花花绿绿的不知道画着什么东西。

"我去集市门口看看。"京宝说着就跳开了。

一会儿工夫，京宝抄近路从树梢上"飞"了回来，他气喘吁吁地叫道：

"357、扎克，不好了！不好了！"京宝也从集市的入口处拿了一片树皮纸，

357和扎克凑近一看，纸上居然写着："驱虫止痒，清凉舒爽——大花神露水"，

下面一行小字："请到集市东路5号，森林老鼠摊位购买！"更绝的是，树

皮纸上还画了一只绿色的玻璃瓶，连标签都和扎克设计的一模一样！

"这……怎么可能！"357和扎克简直不敢相信自己的眼睛！六花神露

水的标签是扎克想了几个晚上，修改了好几次，最后一笔一笔画出来的。那"驱

虫止痒,清凉舒爽"几个字,也是他绞尽脑汁才琢磨出来的宣传语啊!"鼠来宝"的地下仓库没被盗,"六花神露水"却彻彻底底地"被盗"了!

"偷我们的创意和设计还不算,居然还敢自称'大花'!"扎克气得直跳脚,浑身的刺都竖了起来。

"会不会……"京宝喘口气,"贝儿调整了配方,又卖给了森林老鼠?"

"我相信贝儿!"357 十分坚定地说,"药水是我们请他研制的,他绝不会随便给森林老鼠。再说,这东西说起来简单,可是制作起来很不容易,贝儿忙了这么久,才弄了30瓶给我们,他哪有工夫再给森林老鼠做?"

"是啊！我刚从树上过去看了一眼，森林老鼠那里少说也有 100 瓶！而且他们只卖 2 枚贝壳，比我们还便宜一点。"京宝急坏了，"这下我们怎么办？"

扎克眯着小眼睛，握起小拳头，似乎 357 一声令下，他就要冲到森林老鼠的摊位上，讨个公道。

357 坐了下来，越是面对这样意料之外的状况，他反而越冷静，冲动和愤怒是不能解决任何问题的。357 是相信贝儿的，见利忘义才不是贝儿的性

格。而且，只要用脑子想一想就知道，按照贝儿的制作方法，短时间内制作出 100 瓶是不大可能的。这样想来，结果无外乎两种：要么森林老鼠偷了贝儿的配方，又偷工减料；要么森林老鼠只是偷听了他们的创意，所谓的"大花神露水"不过是徒有其名，压根儿没有功效。

357 当机立断："京宝，你行动最敏捷，请你去森林老鼠那里买一瓶大花神露水，带去贝儿那里，麻烦他鉴定一下。扎克，咱们先把自己的神露水

收起来，京宝回来之前我们不卖。"357 拿出虫虫脆和扎克新发明的零食——胶皮虫，"整个集市找不出这么新奇的零食，咱们先卖这个。"357 也拿出一沓树皮纸，画上虫虫脆和胶皮虫图案，写上摊位地址，"不就是宣传吗，我也到集市门口去发广告！"

"好！"京宝转身上了树。

扎克也非常利落地收好六花神露水，摆上虫虫脆和胶皮虫，卖力吆喝起来："'鼠来宝'的虫虫脆又出了新口味，冰凉解暑薄荷味，薄荷味的虫虫脆！"

扎克吆喝得带劲儿极了，赶集的森林居民们呼啦啦围了上来。扎克趁热打铁："'鼠来宝'新出的胶皮虫，弹力大无穷！"

广告是什么？我们周围为什么有铺天盖地的广告？

利用媒体向公众宣传商品、服务等信息，就叫作广告，也就是"广而告之"的意思。在我们的生活中，电视、网站、报纸、杂志，甚至马路上、电梯里，都能看见数不清的广告，这些都是商家的营销行为，目的是扩大商品的知名度和影响力，吸引更多的客户，购买他们的商品和服务。

做广告通常是非常昂贵的，而且越醒目、越容易被更多人看到的广告就越贵！虽然许多做广告的商品和服务的确不错，但是也有很多劣质产品想通过广告营销的方式来赚钱——比如，森林老鼠的"大花神露水"，虽然质量差，但因为广告宣传，居然蒙骗大家也卖了出去。

偷盗创意、设计也算是"偷"吗？

从小的方面说，"六花神露水"的名字是 357 想出来的，药水是棕熊贝儿制作的，标签和宣传语是扎克设计的，这是他们的劳动成果。我们知道，脑力劳动也是非常辛苦的劳动，脑力劳动的成果同样应当受到尊重和保护。虽然森林老鼠没有直接偷走他们制作的药水，但是窃取了他们的脑力劳动成果，与偷盗财物一样，属于违法行为。

从大的方面说，具有商业价值的技术、经营等信息，属于商业秘密。比如，棕熊贝儿发明的驱虫药水，它的配方、制作方法，包括整个创意，都是属于棕熊贝儿和"鼠来宝"的商业秘密。

在现实世界中，有些商业秘密关系到企业的生死存亡，不仅要严格保密，也是受法律保护的。比如一些家中常用的中成药，它们的配方和制作方法就属于"绝密"的商业信息。

1

问：357 为什么认为森林老鼠的"大花神露水"可能偷工减料？

2

问：森林老鼠的"大花神露水"是巧合还是故意而为？

3

问：森林老鼠并没有偷药水，只是偷了创意，这算偷吗？

3 真假神露水

集市上扎克的零食正卖得热火朝天，那边京宝已经拿着大花神露水找到了棕熊贝儿。贝儿正在一大堆实验仪器中忙碌着，他热情地招呼京宝：

"快来！"

京宝跳到棕熊贝儿的肩膀上，闻了闻贝儿手中的小瓶子，香气扑鼻，一路飞奔的疲劳似乎缓解了不少。京宝叫道："好香！"

"这不好说，需要做实验，才能知道里面究竟有什么。不过，做得跟我们一模一样，那就不可能是巧合，而是故意模仿的冒牌货……应该是我们在'鼠来宝'商量的时候，被谁偷听了吧！"

京宝带着棕熊贝儿的鉴定结果匆匆赶回集市，357 静静地思考了一会儿，认为问题的关键在于，必须在外观几乎相同的情况下，尽可能地把"六花神露水"和冒牌货"大花神露水"区别开，否则不单浪费了贝儿的辛勤劳动，"鼠来宝"的声誉也会受损。

　　"扎克！" 357 叫来正在摊子前卖力吆喝的扎克，"森林老鼠不光窃取了咱们给药水取的名字，一定还偷看了你设计的标签，否则不可能一模一样！好在贝儿说，他们的药水就是乱调的，效果不佳。现在，你有没有什么办法，让咱们的神露水和冒牌货区别开呢？"

刺猬扎克微微一笑，抓起画笔和一瓶六花神露水，在原来瓶身的标签上，画了一个圈圈。圈内画上棕熊贝儿帅气的侧脸，再沿着圈外写上贝儿草药园的名字——"熊草堂"，外加"鼠来宝独家代理"一行小字。"怎么样？他们偷了药水的名字，总不能再偷贝儿的脸和咱们'鼠来宝'的招牌吧？只要没有这两样标志，不管多么大的'大花'，也是冒牌货！"

扎克改过的新标签比原来更漂亮了，金黄的底色，淡蓝的熊脸标志，白色的花草图案和深色的文字，清新别致，与神露水的香味相得益彰。扎克改好全部标签，又画了一张招牌摆在摊位前，特别强调是"六"花神露水，请认准"熊草堂"标志，"鼠来宝"独家代理。这还不算，扎克还拿出一瓶神露水，让往来的顾客闻一闻，试着洒一点。试过的顾客无不喜欢，29瓶神露水很快就销售一空，连试用装剩下的半瓶都被抢购走了。

357 他们正准备提前收摊庆祝，老虎奔奔提着小篮子出现了。

"亲爱的朋友们！好久不见！"

"好久不见啊，奔奔！"京宝招呼道，"你跑到哪里玩去了？"

"嘿嘿，357 给我的新玩具好玩得不得了，我根本没出家门！"奔奔看上去十分开心，"人类可真厉害，我也想发明有趣的玩具，说不定有一天也能开间玩具店呢！"他边说边从篮子里拿出一大包花生，"这个是

我的礼物，送给你们。"

原来，357在河对岸城市老鼠那里看到一只电动老鼠，应该是城市人类用来逗猫咪的玩具。他觉得新鲜，就换回来送给了奔奔，没想到奔奔玩上瘾了。

357跳上摊子去接那一包花生，却被奔奔身上的味道呛出一个喷嚏。

奔奔笑道："哎呀呀，森林老鼠家的驱蚊水威力太大啦，357都呛着啦，虫子更得绕着我飞！"

原来奔奔刚买了森林老鼠假冒的神露水，还迫不及待地抹在了身上。远一点的京宝和扎克也被呛得直咳嗽。京宝心想，这哪里是驱虫水呀，简直是杀虫剂！

357想送一瓶正宗"熊草堂"牌神露水给奔奔，可惜全卖光了，只得好

心提醒道："奔奔，你身上这个味道很邪门儿，闻久了会迷糊，最好不要用。"

奔奔道："嗯，是感觉有些迷糊……"他眼睛快睁不开了，"我得赶快回家洗个澡……"奔奔的两只耳朵不停地扇动着。

357看着他晕晕乎乎地离开，有些不放心。

"奔奔可是老虎啊，洗干净应该就没事了。"京宝安慰道，"回去我们

请贝儿多制作一些正宗神露水，免得再有小伙伴上当。"

　　幸好357反应迅速，"森林三侠"配合默契，六花神露水虽然不幸"被盗"，好在有惊无险。和虫虫脆、胶皮虫一样，六花神露水一经推出也大受欢迎。比广告更厉害的，是森林居民的口碑。这下，大家都知道，带熊脸标志的"熊草堂"牌六花神露水才是正宗，"大花"和"六花"比虽然看起来差不多，却是呛死不偿命的冒牌货！"鼠来宝"又多了一样招牌产品，已经供不应求了！

商品为什么要有"品牌""注册商标"之类的东西?

品牌是商品或服务的名称和识别标志,用来与市场上其他产品相区别,方便消费者识别和记忆。有了品牌,我们就能从市场上众多相似的产品中找到想要的东西。

品牌代表的是商品或服务的质量和信誉,特别是那些"老字号"和"驰名品牌",都是用几十年甚至上百年的时间,精心培育出来的,有着很高的商业价值。正因如此,"山寨品"常常使用相似的外包装、真假难辨的名称,想借正品的光获取利益,就像大花神露水那样。在商业上,这属于违法行为。

做广告有时候要花很多钱，这值得吗？

几乎所有"是否值得"的问题，都是两相比较而言的。要考虑付出什么，又将收获什么。

做广告通常要付出很高的成本（金钱），但是可以收获知名度，让更多的人知道某种产品和服务的存在，进而获得更高的销售量，获取利润。很显然，如果销量增加所获得的利润，超过做广告付出的成本，那么就是值得的。反之，如果花了许多钱去宣传，知名度和销量却没有提高，那么就不太值得啦。不过，失败的广告营销与广告本身的质量和投放方式有很大关系，所以，"广告"本身也是一门学问呢。

1

问：扎克为什么要给六花神露水多加一些标志？

2

问：商家为什么特别讨厌冒牌产品？

3

问：你有没有喜欢的品牌？你见过这些牌子的"山寨"品吗？你对此有什么想法？

4 盛夏消暑宴

秋天集市结束后不久，冰雪森林迎来了一年中最炎热的日子。森林里日晒如火，树静蝉鸣——传说中的"秋老虎"来啦！

"鼠来宝"里，门窗、露台全开，还是没有一丝风，憋闷得喘不过气来。

京宝和扎克在露台上晒了浆果、蘑菇和虫子，五颜六色，十分美丽。357 在厨房里忙活，他用荷塘里采来的荷叶做了绿荷包子——不仅小麦粉中掺了磨碎的荷叶，上锅蒸时，包子外面也裹了新鲜荷叶，内外荷香四溢。五彩蜜珠果则是用新鲜水果和蜂蜜制作的，酸甜可口。京宝和扎克在露台上闻到香味，不由得流出口水来。

　　傍晚时，棕熊贝儿带着新配制好的"熊草堂"牌六花神露水，来"鼠来宝"参加消暑晚宴。除了神露水，他还带来了消暑的"伏茶"，据说里面有金银花、夏枯草和甘草等几味草药，可以清凉祛暑，正适合伏天饮用。

　　露台上的京宝忽然喊道："瞧，'秋老虎'来了！"

　　没想到，老虎奔奔听见京宝的声音，却变得扭扭捏捏起来，似乎不愿意见到大家似的。

　　等他走近了一些，357 才发现不对劲儿，他惊叫道："呀！奔奔，你这是怎么了？"

　　原来不是奔奔不愿意见到大家，而是怕被大家嘲笑——他那漂亮的金黄色毛发，像是被蝗虫啃过的庄稼一般，秃了一大片！

　　奔奔哭诉道："瞧瞧我呀，变成秃头虎了！"这消暑晚宴要不是开在晚上，恐怕他还不肯出来呢！

贝儿检查了一下奔奔的皮毛："你这是用了森林老鼠的大花神露水吧？"

奔奔垂头丧气地点了点头。

"那就对了，假冒伪劣产品的受害者可不止你一个，最近掉毛的森林居民可多了。"贝儿摇摇头，"没办法，明天去'狸猫记'剃了吧，然后等毛自己长出来……"

话音未落，京宝感觉树林里有声音。他招呼道："要买东西请过来吧，还没关门呢！"

不远处的树后，钻出一个白色的小脑袋，是兔子霹雳："请给我一瓶正宗'熊草堂'牌六花神露水。"他的声音幽幽怨怨的，大家从来没见过如此"温柔"的霹雳。

扎克招呼他："霹雳过来吧，我拿给你！"

霹雳又缩回树后，小声道："我不过去，你过来！"

357热情地邀请他："霹雳，这里有好吃的，一起来热闹热闹。"

霹雳白色的小脑袋先是紧张地查探四周，然后犹犹豫豫地从树后现身——天哪！难怪他要躲在树后！霹雳一身漂亮的白毛被剃得干干净净，只剩下毛茸茸的脑袋，远远看去像一根大白兔棒棒糖！

大家惊呆了，不过很快明白过来——霹雳也是大花神露水的受害者之一！霹雳是最爱美的，他现在一定难过极了！所以大家拼命忍着，没笑出来。老虎奔奔却是真的笑不出来，因为，明天他也将会变成"小老虎棒棒糖"。

贝儿安慰霹雳："霹雳，别怕，每天保持皮肤清洁，搽一些正宗六花神露

水，你的毛毛很快会长出来的。"

"是啊！"奔奔指着自己的毛安慰道，"明天就有我陪着你了。哼，天气太热了，剃光了倒凉快。"奔奔倒是逐渐乐观起来。

霹雳看见半秃的老虎奔奔，暴脾气又上来了："明天，咱俩找他们算账去！"

"我早去找过了！"奔奔叹气，"他们已经跑了。"

"别生气了，霹雳，你这样也挺漂亮的。"357 端来绿荷包子和五彩蜜

珠果给大家品尝。京宝则用剩下的荷叶给霹雳裁了一件小褂子，霹雳穿上它，显得自在多了。

　　清新的荷香、甜蜜的鲜果和凉爽的伏茶让大家很快忘记了烦恼，静静欣赏落日后的余晖，看星星一颗颗在夜幕上点亮……

　　"深林人不知，明月来相照！"是棕熊贝儿的声音。

　　奔奔赞叹道："好诗！"．

贝儿一脸惊讶："不是我念的呀，我只会做药，哪里会作诗？"

兔子霹雳问："不是你是谁呀？"

"秋光冷画屏，小扇扑流萤！"这下是奔奔的声音。

大家都觉得不对劲儿了，奔奔根本没有说话。

357再次确认："奔奔，刚才是你吗？"

"不是我啊！"奔奔瞪大了眼睛，"我也不会作诗。"

"不是你是谁呀？"这不是兔子霹雳刚才说

的话吗？虽然怪声怪气，可确实是霹雳的声

音。但此时此刻的霹雳，嘴里塞着满满的绿荷包子，根本不能说话。

大家都不作声了，屏息四望。呼啦，头顶上好像有什么东西飞过。低头一看，哎呀，桌上的绿荷包子不见啦！呼啦，又一下。哎呀，一盘五彩蜜珠果也不见啦！

"什么东西？给我出来！"兔子霹雳顶着棒棒糖似的大脑袋朝天上喊。

"什么东西？给我出来！"树梢上传出和兔子霹雳一模一样的声音。

357朝那个声音喊道："来了就是朋友，欢迎加入我们，请现身吧！"

这个神秘的声音，到底是谁呢？

国家为什么要制定法律,保护消费者权益?

我们作为消费者,在购买商品和服务时享有许多基本权利,比如,我们有权询问商品和服务的相关信息,确保商品和服务是安全的,我们还有选择购买或者不买的权利,当商品和服务质量不过关时,要求退款或赔偿的权利等等,这些基本权利是受国家法律保护的。法律不仅保护我们的权利不受侵害,同时也规范商业行为,让市场更加公平。

我们在日常消费时,应当懂得保护自己作为消费者的权利。比如买到假冒伪劣或者质量很差的商品,是可以要求商家退货和赔偿的。但是,我们的权利虽然受到保护,却也不能随意滥用。有些人在购买质量合格的商品并使用超过一段时间后又不想要了,就找理由要求商家退款,这便属于滥用权利。

"注册商标"是什么意思？它有什么用？

除了消费者，生产者的权利也是受到法律保护的。在商品的外包装上，经常能看到"注册商标"字样，有时还有一个小标志"®"。这代表商品的标识经过管理机构依法核准，除了注册者以外，其他人没有使用权。

在我们的故事里，扎克为六花神露水设计了一个棕熊侧脸的标志，可以称为"商标"，但是他还没有"注册"，理论上这是比较危险的，如果森林老鼠再偷了这个标志，并且提前到森林事务所注册，那么这个商标可就归他们了！

1 问：老虎奔奔和霹雳用大花神露水掉了毛，可以找"鼠来宝"索赔吗？

2 问：买到假冒伪劣产品怎么办？

3 问：商品外包装上的"注册商标"是什么意思？

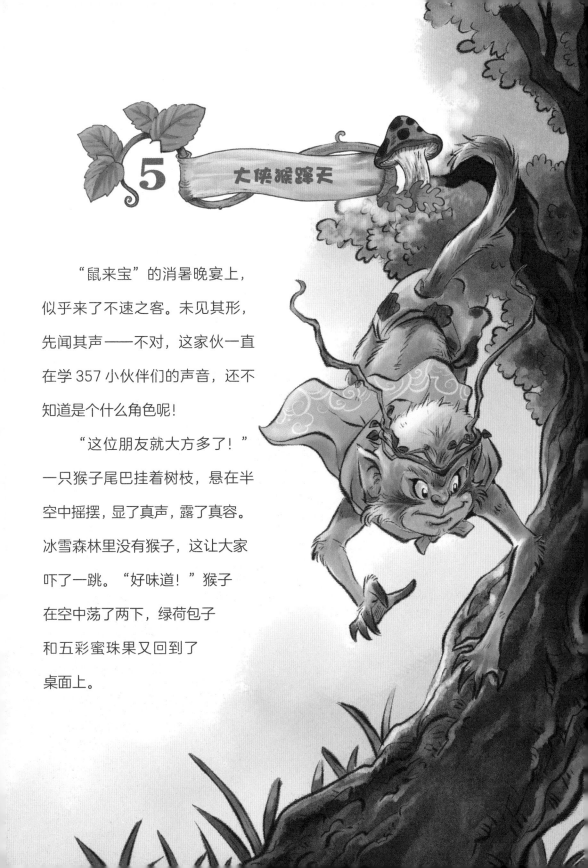

5 大侠猴踔天

　　"鼠来宝"的消暑晚宴上，似乎来了不速之客。未见其形，先闻其声——不对，这家伙一直在学 357 小伙伴们的声音，还不知道是个什么角色呢！

　　"这位朋友就大方多了！"一只猴子尾巴挂着树枝，悬在半空中摇摆，显了真声，露了真容。冰雪森林里没有猴子，这让大家吓了一跳。"好味道！"猴子在空中荡了两下，绿荷包子和五彩蜜珠果又回到了桌面上。

猴子一个空翻落在地面上，毫不客气地加入消暑晚宴。这猴子身手敏捷，林间无影，落地无声，难怪值夜的四路御林军好像都没发现他。

357试探地问道："您是……"

"各位请坐！"猴子反客为主，"我叫猴蹿天，乃是行走江湖的侠客。幸会！幸会！"这位猴大侠倒不客气，"天生地长，四海为家。路过冰雪森林，听说这里也有三位侠客，就进来拜会拜会！"

京宝害羞地笑道："我们是号称'森林三侠'，不过那是大家给起的化名，其实我们从来没行走过'江湖'。"

"猴大侠此来，嗯……所为何事？"扎克被猴蹿天带跑了口气，说话也变得文绉绉起来。

"投资！"猴蹿天不知从哪儿拎出一个布口袋。他把袋子一丢，嚯！里面金光灿灿，是金银贝。"跟南边比起来，你们冰雪森林还是落后了一些，南方的云雾森林、西部的山海森林，已经开始用金银替代贝壳了，你们还是这么原始。"

先不论到底啥是"投资"，猴蹿天傲慢的态度，还有他给冰雪森林"落后""原始"的评语，已经令大家十分不舒服。

"这才是真正的'钱'，"猴蹿天得意地介绍，"俺

要把这些钱投资在冰雪森林，这样咱们就可以一起赚大钱，各位意下如何？"

"这不是钱！"兔子霹雳反驳道，"这种东西我们冰雪森林也多得很，是用来做装饰的。"谁也不能在兔子霹雳面前说冰雪森林的坏话。

"你们当初决定用真贝壳当钱的时候，贝壳不亦为装饰乎？"猴蹿天振振有词。

猴蹿天说得似乎有些道理。使用贝壳币虽然比以物易物方便得多，可总觉得哪里有些别扭，比如——虽然相对坚固，还是偶尔会碎掉，不易保存；有时用不掉一枚贝壳，却不能把它拆分变小；冰雪森林又不出产贝壳，碎掉的越多，剩下的越少，可是却没办法补充……

　　没等大家想明白，猴蹿天开门见山："我看好你们家的六花神露水啦！是谁这么聪明，发明了这种好东西，别的森林都没有。我要把这些金银贝投资在你们的六花神露水上，把它们卖到其他森林去！咱们马上就能赚很多很多钱！"

　　357好像明白了什么："这……不叫投资，顶多算'投机倒把'。猴大侠无非是想低买高卖，赚个差价罢了。"

　　猴蹿天没想到，冰雪森林这种还在用贝壳交易的地方，居然也有不好对付的家伙！一计不成，只好再生一计："嗯……那么我把这些金银贝投资在你们的配方上，可乎？钱归你们，配方归我……想想吧，你们只用一张纸，就能换来这么多的钱，这可是天上掉馅饼！"猴蹿天使劲儿地摇晃那一袋子金银贝。

357明白了，这猴蹿天根本就是掉进了钱眼儿里，想要快速地赚钱。真正的投资可没这么容易，不仅要承担很多风险，想在短时间内赚钱更是不可能。

猴蹿天见357不说话，以为他心动了，赶紧趁热打铁："所以……你们的秘方到底是什么，告诉我，可乎？"

京宝凑近猴蹿天，故意小声说："秘方就是……"

357有些着急，既然是"秘方"，怎么能轻易透露给这个来路不明的家伙呢！

京宝指着棕熊贝儿："他——亲自做！"

此话一出，357松了口气。

"除此之外，还得用我们冰雪森林天生地长的花草树木、林间露、高山泉。猴大侠，您……明白乎？"京宝特意强调"天生地长"四个字，这是回敬猴蹿天呢。

"说得好！"大家心里默默赞叹京宝的机敏。

"没错！"357说，"除了六花神露水，我们还在研制九花玉露散、含笑大力丸……猴大侠想要什么，买什么就是了。可这样样都是费功夫的，就算您用金银贝来买，也得和别的顾客一样，耐心等待！"

"好，那我就住下，慢慢等！"猴蹿天碰了钉子，却并没有离开的意思。

"冰雪森林欢迎外来的朋友，"奔奔大方地说，"不过按照规矩，您得

到森林事务所登记，租一小块地，还得遵守我们的《森林公约》；要是再这样，躲在树上偷听，被我们的御林军捉住，这一袋子金银贝，恐怕还不够交罚款的。"

猴蹿天只好嬉皮笑脸地服软道："虎爷教训得是，俺入乡随俗便是。"

357看着月亮爬上树梢，对大家说："到时间了，咱们走吧！"

"哎，去往何处？"猴蹿天还想跟着。

"去冰河边啊，今晚我们冰雪森林放河灯。"兔子霹雳似乎已经忘了剃光毛的烦恼，抖着荷叶做的小褂子粗声粗气地喊，"要见识一下吗？"

老虎奔奔提醒猴蹿天："要遵纪守法哦！"

猴蹿天眼看他们就这样离开了，连店面也没有关。他正想着不如偷两瓶六花神露水回去研究研究，抬头突然望见树梢上整齐地站着一排猫头鹰，直勾勾地盯着自己。他再朝林子里一看，一对对碧绿的猞猁猫眼儿若隐若现，搞不好藏着千军万马！原来猴蹿天一入森林，早被四路御林军盯上了，只是见他并没有做坏事，所以决定暂时观察他而已。猴蹿天不禁感叹，冰雪森林还真是名不虚传。他只好收起金银贝，老老实实地到森林事务所登记去了。

林子里蹦出来的这位猴大侠，一看就是行走江湖的老手，会模仿各种声音，似乎还有点功夫。要说他好嘛，可他鬼鬼祟祟的，满脑子都是"投机倒把"；要说他坏嘛，却又挺好说话，能讲道理。他的家在哪里？为什么来到冰雪森林？他那一大袋子的金银贝又是从哪儿弄来的？关于他的来历，恐怕咱们要慢慢去了解了。

此时，357一行已经来到了河边，远远地就看到河面上灯火闪烁。大大

小小的河灯带着森林居民们的美好心愿，随着冰河水漂散开……

"冰河灯火映岸红，静听秋蝉时雨声。"

大家呆呆地看着京宝，又齐刷刷地回头往林子里张望，还以为猴蹿天也跟来了。

京宝下巴一扬："哼！他猴大侠会吟诗，我松鼠侠就不会乎？"

小伙伴们心领神会，于是都模仿起猴蹿天的样子，摇头晃脑地念起诗来。

秋月下，冰河岸上，水声灯影里，大家笑作一团……

什么是"投资"？

"投资"在不同的情况下有许多种定义。比如，爸爸妈妈说的理财投资，是指将现金用于购买金融产品，期望在未来获得更多的收益；为你的教育投资，是指投入金钱精力支持你学习，期待你能获得长期的进步。企业的投资是指投入资金购买生产设备或者扩大生产规模，期待在未来一段时间里，逐渐收获更多的利润……总而言之，所谓"投资"几乎都涉及"付出"和"收获"，并且在它们之间，有一个比较长期的过程。

猴蹿天说"很快"就能赚大钱，357就知道这不能算是投资，因为投资几乎总是需要时间，才能慢慢收回成本的。像猴蹿天这种，低买高卖，转手赚快钱的行为应该叫作"投机"。真正的投资有很多不同形式和方法，我们在后面的故事中会讨论什么是真正的投资。

为什么古代人用金银做货币？金银和其他金属相比，有什么优势？

在历史上，金银最早几乎是作为装饰品使用的。之所以慢慢成为货币，是因为它们拥有极为稳定的化学性质，比如不像铁那样容易生锈，具有很好的延展性，容易分割成小块等等。

早在春秋时期，中国人就把黄金制作成金片、金饼，并当作货币使用。白银则要晚一些，唐朝时才出现了银元宝，而普通人在市场上使用"碎银子"得等到明朝了！那时候的人们买东西可不像我们今天这样方便，因为使用银子是要称重的，所以出门除了银子，还得带剪子和秤，先把银子剪碎，再用秤来称一称。不过，即使"碎银子"也是很值钱的，普通人一般只用到铜钱。在古装电视剧里看到的那种几十两的金元宝和银元宝，普通人的生活中几乎见不到，因为太值钱了！

1

问：猴蹿天想买六花神露水，再到别的森林去卖，这是投资行为吗？

2

问："投资"和"投机"有什么主要区别？

3

问：古代的普通人会用金元宝或银元宝在市场上买东西吗？

小词典

税 收

国家和政府以提供公共服务为目的，依法向纳税人征收的货币或者资源。

纳税人

有义务依法缴纳税款的个人或社会组织。

税 率

计算纳税金额的尺度，通常用百分比表示。

广 告

一种宣传方式，一般指商家通过媒体向公众介绍产品或服务。

商业秘密

具有商业价值的经营、技术、创意等信息。

商 标

依法注册的品牌名称、图形、声音等或以上要素的组合。

品 牌

商品或服务的名称、徽标、口号等识别标志。

消费者权益

消费者在购物时依法享有的基本权利，如知情权、选择权等。

投 资

将资源投入某项事业，期望在未来能获得价值增值的经济活动。

生活中的经济学

学会用"机会成本"思考问题

"机会成本"是经济学中一个非常重要的概念，它是指决策人面临多种选择时，所放弃的诸多选项中，价值最高的那一项。这个概念会在一定程度上影响我们的思维方式。简单来说，就是你在做决定时，除了考虑你要选择的是什么，还应当想一想，你为自己的选择放弃了什么。懂得"机会成本"，做决定时会很自然地多思考一步，权衡一下，想想你的决策是否正确。

比如，考试前几天你在看一本有趣的故事书，你所获得的是读故事书的快乐，而你放弃的——也就是机会成本——是复习的时间。你的后果可能有：成绩差，被妈妈骂，甚至更严重的教训。

反过来思考，如果你把时间用于考前复习，你所放弃的——也就是机会成本——是读故事的轻松和快乐。结果呢？考完试你还是可以读，也可以等到放假再读。虽然快乐和满足推迟了一些，似乎也没有特别糟糕。而且，如果考试成绩出色，说不定爸爸妈妈还有额外的奖励。

很显然，读故事书和复习功课互为"机会成本"，你应该选择哪一个，放弃哪一个呢？无论你决定放弃哪一个"机会成本"，都是你自己的

选择，只要结果你愿意接受，就没有对错之分。有时候，看似错误的选择，说不定也有意外的惊喜。

　　但是，也有一些选择不仅有对错之分，错误的选择带来的后果不仅伤害自己，还会累及他人。比如触犯法律的犯罪分子，说白了，就是做了错误的选择。他们选择了金钱、利益，或者一时的冲动和快乐，同时放弃了做一个坦荡、清白、正直的好人，许多无辜的人也可能因此受害。

　　幸好，我们在生活中很少会面临这样"大是大非"的选择。人生中的很多事情，没什么大不了，用不着思前想后。不过，面对那些使你犹豫不决又毫无头绪的困难抉择时，"机会成本"可能是一种不错的思维方式，它能帮你更全面地分析问题，从而做出理智的判断。慎重一些，多些思考，总是有益的！

图书在版编目（CIP）数据

我的财商小课堂. 如何来挣钱 / 龚思铭著；肖叶主编；郑洪杰, 于春华
绘. -- 北京：天天出版社, 2021.7

（森林商学园）

ISBN 978-7-5016-1723-4

Ⅰ.①我… Ⅱ.①龚… ②肖… ③郑… ④于… Ⅲ.①财务管理—少儿
读物 Ⅳ.①TS976.15-49

中国版本图书馆CIP数据核字(2021)第104559号

森林商学园

我的财商
小课堂

不要做"负翁"

肖叶 主编　龚思铭 著

郑洪杰 于春华 绘

人民文学出版社　天天出版社

目 录

1 不速之客

冰雪森林的居民都知道，在天空中飞来飞去的除了鸟，还有风。

风是个怪脾气的家伙，有时候它挺调皮，在你身边转来转去，伸手抓你的毛发，等你回头也想抓它一把，它却不见了；有时候它挺安静，在林子里住上一夜，不出一点声音，要不是在歇息的地方留下了露珠，谁也不知道它来过；有时候它又凶巴巴的，呼啦啦地冲进林地，

像千军万马似的，把枝枝蔓蔓杀得片甲不留……

风总是这样喜怒无常，森林居民们早就习惯了。有那么一段时间，风的脾气很暴躁，把树叶撕了一地，连太阳都被它气得跑远了！于是夜越来越长，水越来越凉。

清晨的河岸边，松鼠京宝和刺猬扎克正在等待 357 归来。京宝的毛发被晨露沾湿了，他在风中打了个寒战。

2

京宝一边不停地抖毛，一边抱怨道："怎么会有这么多露水？"

"风几乎把森林里的水都喝干了，叶子里的水也跑到风里去了！"扎克咯咯地笑道。

果然，风一靠近水面就现了形，凝结成苍苍白雾。当白鼠357划着小船返回冰雪森林，他感觉自己仿佛在云间穿行。等到太阳升起，冰河上的雾气才开始慢慢散开，京宝和扎克终于看见357腾云驾雾般地出现了。

357 的桦皮船装得满满的，所以吃水很深，不知道他从城市老鼠那里换来了什么好东西。

"谁？！"京宝嗅觉十分灵敏，他在风中嗅到了奇怪的味道。357 和扎克也警觉地四处张望，可河面上的雾还没有完全散去，什么也看不清。

"真见鬼，我也觉得一路有谁跟着！"357 跳上岸，把桦皮船系在河边的树上。

"可能是猴蹿天吧！"扎克安慰道，"别担心，御林军就在附近。咱们快回'鼠来宝'，还是家里最安全。"

"森林三侠"将桦皮船里的货物装上小车。一对巨大的金属翅膀引起了京宝的好奇。他想，这是给老虎奔奔带的礼物吧？

357 感觉那奇怪的味道也一路跟着他回到了"鼠来宝"。这是一种无法形容的气味，既熟悉又陌生。那的确是毛发散发的气味，却又混着些人类的味道，虽然有花草树木的清香，但又有点刺鼻。他们三个仔细地检查了刚刚带回来的货物，确定并没有混入奇怪的东西。

正当 357 感到疑惑不解时，门外一声猫叫吓得京宝一个筋斗翻上了露台。原来 357 的直觉没错，的确有只猫咪一路尾随，跟他回到了冰雪森林。猫咪在"鼠来宝"门外鬼鬼祟祟地张望时，被空中御林军猫头鹰捕头逮了个正着！

这是一只蓝灰色猫咪，只不过——除了脸蛋，从头到脚都被层层叠叠的紫色丝绸包裹着，凡是能做装饰的东西都堆在身上了，闪闪金光跟阵阵香气一样，刺激着大家的感官。可惜华丽的装饰并没有带来美感，猫咪蹲在林地上的样子，活像一朵正在融化的奶油花。

"难怪你确认不出味道，"京宝朝 357 喊道，"这家伙裹得可真严实！"看她那精致讲究的打扮，不像是野猫，而且，有御林军在，京宝不怎么害怕了。

357 和扎克也爬上露台，好奇地望着门口的"奶油花"。

"奶油花"翻着红铜色的大眼睛，猫里猫气地说："乡巴佬，真没礼貌！"

好嚣张的家伙！扎克气得直跺脚："你是谁？从哪里来的？偷偷摸摸，还口出狂言，这是你的礼貌吗？" 357 和京宝想要安抚扎克，却不敢碰他。

没想到，"奶油花"毫不示弱："喂，白老鼠，你还不知道吧？你被那群耗子给骗了！你带进城的东西虽然土，勉强还算能吃；那群耗子换给你的，可都是没用的东西，在我们城里，叫'垃圾'！我呀，不仅美丽，而且善良，为了提醒你，才一路跟你到这里。哼！还不谢谢我？""奶油花"因为包裹得太严实，除了眼睛和嘴巴，只有尾巴在不停地动。

357彬彬有礼地回答道："谢谢你的好意。那些东西对你来说可能没用，可在我们森林里，却是好东西。"

不知道为什么，外面来的家伙总是十分傲慢，猴蹿天这样，"奶油花"也是这样，仿佛外面的一切都比森林里好。可是既然如此，他们为什么还要到冰雪森林来呢？

"奶油花"对树上的猫头鹰喊话："喂，别跟着我了！"看来"奶油花"还没打算离开。

猫头鹰捕头问："你叫什么名字？从哪里来？准备停留多久？"

"我是来自英国的高贵的芭芭拉女伯爵，屈尊来冰雪森林度个假。"原来"奶油花"有名字，她叫"芭芭拉"。

"你不是从城里一路跟着我来的吗，怎么又成英国来的了？"357感到疑惑，"难不成我昨晚也跑到英国去了？"

"No（不）！No！"为了证实自己的出身，芭芭拉耸耸肩膀，歪着头，摆出一副西洋派头。

"我的祖先来自英国，我的血统纯正，身份高贵，跟你们这些乡巴佬不一样。看看我这身衣裳，"芭芭拉指指身上的丝绸，"真正的东方丝绸，手工刺绣。手工懂吗？是人类的手，一针一针绣上去的，很贵的呀！"

扎克撇撇嘴："手工有什么了不起？我们森林里的好东西，哪一样不是手工的？喏，这虫虫脆，就是我手工做的。"扎克自豪地举起自己做的小零食。

"哼，你连手都没有，怎么能叫手工？你的爪子也就能捉捉虫子，刺绣？还是算了吧！"

"什么丝绸刺绣的，我们森林里不讲究这个！"扎克嗤之以鼻。

"No！No！你懂什么！这叫 fashion（时尚）！"芭芭拉生气了，"普通的城里猫根本就穿不起带手工刺绣的丝绸，更戴不起宝石。你们知道这些东西多贵吗？要花很多很多的钱！"

"你没有毛吗？"京宝问，"干吗花钱把自己弄得这么丑！穿这些东西多难受，活动也不方便。你看起来没一点猫样子，我看人类是拿你当布娃娃，打扮着玩。"

"哼！"芭芭拉生气地把丝绸帽子甩在地上，露出两只奇怪的耳朵，"乡巴佬懂什么美丑！"她接着脱下身上的丝绸外套，"不就是毛吗，谁没有，有什么稀罕！"

　　她这一脱，大家倒吓了一跳！难怪她把自己包得严实，原来她一身的毛被人剃去了大半，除了头和爪子，只有脊背正中还有一条毛发。可就这仅存的毛发，还被剪成一块一块的，和尾巴连起来看，就像是一大串冰糖葫芦。

　　这就是城里的"时尚"吗？"森林三侠"感到难以理解。

垃圾还是宝贝，谁说了算？

芭芭拉认为357从城里带回来的东西是垃圾，也就是我们常说的——没用的东西。可是357却认为，这些东西或者能吃，或者能玩，或者能用，是有用的。想一想，为什么会出现这样的差别呢？

我们在判断一种物品或行为好不好、值不值或者有用没用时，常常是用自己的主观偏好作为衡量标准。经济学中用"效用"这个概念来衡量某种物品或行为给人带来的满足程度。同样的事情，对不同的人来说，"效用"可能是千差万别的。经济学家们认为，大多数人的行为准则是为了获得最大的效用。也就是说，人通常会以获得最大满足感、幸福感为目标来做决定。

所以，垃圾还是宝贝？"效用"说了算！如果一件物品、一种行为或活动，能给人带来幸福感和满足感，那么至少对这个人来说，它是好的、有用的，甚至是宝贝。

虽然效用很难像价格一样用数字来衡量，但是这不妨碍你找到自己的"最大效用"，并且用它来考虑问题：

假设你最喜欢吃水果蛋糕（效用最大），最讨厌吃奶酪蛋糕（效用最小）。这一天，奶酪蛋糕半价，而水果蛋糕却不打折，怎么办？

很明显，按效用最大化标准来做决定的话，你应该选择水果蛋糕，因为它原价基本合理且给你带来的满足感远超过奶酪蛋糕。

现在，多想一步：有没有比吃水果蛋糕更令你快乐和满足的事？比如，你正为了一件心爱的玩具存钱。多存一点钱、离梦想更近一步的快乐甚至压倒了水果蛋糕，那么你最好的选择是什么都不买，或者退一步，选择没那么喜欢但可以多存一点钱的奶酪蛋糕。

你看，效用虽然很难用数字衡量，却很容易排序。做决定时，你只要在心里给各种选择排排队，然后挑一个"效用最大"的就好了！

1

问：芭芭拉说的"垃圾"，真的一点用也没有吗？

2

问：越贵的东西效用越高吗？

3

问：对一个人来说，效用是不变的吗？

2 贵族猫的幸福

现在，大家有些心疼芭芭拉了。357 同情地说："怎么弄成这个样子，还是把你那手工刺绣的丝绸衣服穿起来吧，光着多冷啊……"

没想到芭芭拉并不领情："哼，乡巴佬，没见过世面！这可是今年最时髦的发型——恐龙 style（风格），给你们开开眼。"

"做猫咪不好吗？搞什么'恐龙style'，你见过恐龙吗？"扎克听鸟儿们说过，他们的祖先叫"恐龙"，可就算鸟儿们自己也没有见过。

京宝提醒她："冬天就要来了，没有毛，你会冻坏的。"

"哼，我是血统高贵的芭芭拉女伯爵，需要怕这个、怕那个吗？在我们城市里，冬天也是暖暖的，夏天也可以凉凉的。我不愁吃喝，也用不着担心风吹雨打。家里的无毛两脚兽们，轮流伺候我。我想吃就吃，想玩就玩，想睡就睡，别提多幸福了！"芭芭拉有时候管人类叫"无毛两脚兽"，好像在人类的世界里，她才是老大。

京宝好奇地问："你不用工作吗？"

"贵族猫才不要工作，无毛两脚兽把我们伺候得很好。我就这样，摆几个可爱的姿势，就把他们乐得不行，加倍宠爱我呢！"芭芭拉摆了几个姿势，京宝并没觉得有多么可爱，只觉得她的样子跟小老虎差不多。可即便像奔奔那样漂亮的小老虎，无论他摆什么样的姿势，从来没人类夸他"可爱"，反而吓得拔腿就跑。"两脚兽"还真是奇怪的生物啊！

"那你不好好在家待着，到森林里来干什么？我们这里冬天很冷，夏天很热，不劳动就要饿肚子，也没有两脚兽专门伺候你。"扎克没好气地说。

芭芭拉伸了个懒腰道："最近城里流行去乡下'农家乐'，我听喜鹊说你们这儿还不错，来随便瞧瞧。"

太阳爬得越来越高，已经有森林居民来"鼠来宝"购物了。357对芭芭拉说："那你就慢慢瞧吧，我们得开始工作了！"

扎克在店里招待顾客，357 和京宝在地下仓库整理新带回来的货物。京宝感到 357 似乎不太开心，或许，芭芭拉的到来让他想起自己在人类世界那段恐怖的经历了吧。京宝也听麻雀们说过，人类对动物通常并不是一视同仁的，比如同样是鸟儿，喜鹊就比乌鸦受欢迎。芭芭拉能受到人类的宠爱，357 却要被关起来做实验。京宝为 357 感到难过，想要安慰他。

　　京宝温柔地说："357，我和扎克会永远陪着你。咱们一起劳动，一起玩，

自由自在的，也很幸福，对吗？"

357 很快明白京宝的意思，他笑着说："谢谢你，京宝，我并不是为自己难过，我的确很幸福。"

"那你为什么不说话了？"

357 问："你看见芭芭拉的耳朵了吗？"

"看见了，很奇怪。我见过的猫咪，耳朵都是尖尖的，可她的耳朵好像被压扁了，趴在头顶上，怪怪的。"

"没错，她是一只折耳猫。我在实验室的时候，听说过折耳猫的一些事。因为一些人很喜欢他们的样子，所以就专门挑选扁耳朵的猫，再培育出更多有同样特征的猫。他们甚至让猫耳朵上的折痕，从

一处变成两三处，最终，就变成芭芭拉的样子，脑袋圆圆的，好像没长耳朵一样。芭芭拉虽然傲慢，可是她并没有说谎，她的确血统纯正，因为她的祖先折耳，她才会折耳。她是不是'高贵'我不清楚，不过按照人类的标准，她比一般的猫'贵'是一定的。"

"既然人类喜欢她，你干吗还为她难过？她的生活那么幸福，咱们应该为她高兴才对呀？"

"嗯，她的确是只幸运的折耳猫，能遇到爱护她的人类。可是京宝，实

验室里的人也说过，猫咪之所以会折耳，原本是因为疾病，甚至可以说是一种先天性残疾。你想想看，耳朵也是骨骼的一部分，所以折耳猫全身的骨骼也和耳骨一样，很容易出毛病。他们的四肢关节，甚至尾巴，一旦发病会慢慢变得畸形、僵硬，不仅使他们难受，还会行动不便；一旦肋骨也出问题，可能连呼吸都会疼痛……"

在京宝看来，大口呼吸冰雪森林新鲜纯净的空气是最幸福的事情之一。呼吸仿佛是理所当然的，以至于他常常会忘记自己在呼吸。他用爪子把自己的口鼻捂住，尝试一下无法呼吸的感觉。才一会儿工夫，他就难受得要流泪了。他简直无法想象，全身关节疼痛，行动不便，呼吸又不顺畅的生活是怎样的一种折磨。京宝本来想安慰357，可他比357更难过了。

现在，357要反过来安慰京宝了："你刚才看见芭芭拉的尾巴了吗？"

京宝点点头："跟你带回来的冰糖葫芦似的。"

"我是说，她的尾巴很灵活，一边说话一边甩来甩去的，这说明她现在

还是非常健康的，而且她的人类那么爱她，一定会给她很好的照顾。即使她将来生了病，或许实验室早就研究出治病的药呢？所以，你也别难过啦！"

"嗯。"京宝听到这些，稍稍觉得宽慰。在最严酷的暴风雪中，在最毒辣的太阳下劳动时，他也曾感到痛苦。可是，雪花和阳光也给他带来过快乐。除此之外，他还有健康灵活的身体、喜欢的工作、心爱的朋友、美味的松果、新奇的玩具……

京宝默默地想："我多么幸福啊！"

为什么会出现追捧名猫名犬现象？

芭芭拉是一只血统纯正的蓝折耳猫，模样可爱，性格稳定。像她这样的猫咪，在宠物市场上的确是很受欢迎的。

猫和狗被人类驯养的历史很长，早在农耕社会时期，它们就与人类共同生活，担当捕鼠和看家护院的工作。如今，猫和狗作为受大家

喜爱的宠物，有许多不同的品种，比如布偶猫、贵宾犬等。不过，这些品种大都不是自然选择，而是人工选择并培育而成的。如同培育蔬菜和水果一样，人类也按照自己的喜好和需要，让猫狗变成今天的各种模样，还制定了各种"标准"，给它们的外表评分。越是稀有的品种、完美的品相，价格就越昂贵，但依旧受人追捧。说到底，还是"物以稀为贵"的观念导致的。

从供给和需求的角度来说，市场价格本身是合理的。但是，除了缉毒犬、搜救犬、导盲犬等工作犬需要特别培育，为人类的特殊喜好而繁育特定外形几乎是没有必要的。对动物本身来说，甚至可能是一场灾难，比如折耳猫、斗牛犬、茶杯犬等，由于基因缺陷，常常受到疾病的折磨，寿命也比较短。在自然选择中，动物们不利于生存的特征会逐渐被淘汰，留下健康的基因，而人类的干预偏偏使那些不健康的基因延续下来了。许多人用昂贵的价格购买了纯种宠物，又因为疾病等各种原因遗弃它们，这种行为应当反思。

名猫名犬的价格为什么贵？

连357都知道，芭芭拉的价格一定很贵。因为按照人类制定的标准，繁育出品相完美的猫狗是不容易的，需要耗费许多物质和时间成本。高昂的繁育成本，是名猫名犬价格昂贵的原因之一。

另外，我们已学习"供给—需求"这对经济学概念。也就是说，市场上如果需求旺盛，自然就会有供给。正因为人们喜欢品种宠物，才会有人追逐利润，不断繁育。买的人越多，供给相对有限，价格会越高。

如果大家都不再追求"品种""品相"，而是平等地善待这些小生命，或许，带着痛苦度过短暂一生的小可怜就会少一些。如果你家里有小动物，请记得，无论价格高低，是否"纯血"，它们都和人类一样，是鲜活的生命。它们有感情，懂得痛苦和快乐；它们的生命或许不长，但会给你带来许多幸福和欢笑，愿你能珍惜相互陪伴的时间。

1

问：血统纯正的猫狗价格昂贵，是因为它们比普通猫狗更可爱吗？

2

问：折耳猫基因有缺陷，为什么还有人专门繁育？

3

问：如果大家达成一致，拒绝购买折耳猫，那会怎样？

3 芭芭拉风潮

357 和京宝为芭芭拉难过，可是芭芭拉自己似乎什么也不知道。她披着丝绸外套，大摇大摆地在林地里闲逛。森林居民们对芭芭拉的一切都充满好奇，探头探脑地观察她。

她的衣裳真漂亮，在阳光下闪着银光，像把晚霞披在身上一样。外套上的刺绣色彩缤纷，像雨后天空挂起的彩虹。她的头颈和手臂上挂着金银珠宝，

这些东西冰雪森林里也有，可怎么一挂在她身上，就变得光彩夺目了呢？她的毛发虽然所剩无几，可是剩下的每一根都柔软光亮，散发着淡淡的香气。她也不像森林居民们一样打赤脚，而是穿着精致的靴子。她手臂上挎着的包包和外套、靴子、帽子、配饰构成了奇妙的"撞色"，活泼而不沉闷。

　　芭芭拉在人类世界学到了"平等"观念，因此对所有森林居民都"一视同仁"，通称"乡巴佬"（显然没学明白）。森林居民虽然不太高兴，却也不得不承认，跟精致到指尖的芭芭拉比起来，他们不修边幅的打扮，乱糟糟的毛发，不拘小节的举止，的确显得有些"土"。

幸好，"土"并不是什么了不得的毛病，没有比赶时髦更容易的事了。只要选择一个"榜样"，依葫芦画瓢不就得了？何况这个"榜样"是现成的。

　　于是，不知从哪儿先吹起，"芭芭拉风潮"横扫森林大地。从穿着打扮、配饰造型到言行举止，森林居民们从头到脚都要模仿芭芭拉。他们觉得哪怕稍微沾上点"潮流"的边，自己就脱离了"土"的行列，可以趾高气扬地嘲笑别人是"乡巴佬"。

　　受"芭芭拉风潮"影响的还有鼹鼠矿工，本来他们挖出的那些透明彩色石头没什么用处，现在突然成了"宝石"，尽管不停地涨价，大家还是愿意

排着队购买。连御林军地下部队的鼹鼠捕快们都恨不得辞工，做回挖矿的老本行。至于金银，原本已经变成金银币来替代数量越来越少的贝壳，现在又多了打造首饰的需求，更加不够用了。为此，不少兔子也改行去挖矿了。

除了衣裳、宝石、鞋子、包包这些"身外之物"，最受欢迎的当属芭芭拉的奇特造型，森林居民们个个跃跃欲试。所以，冬季将近，"狸猫记"理发馆的生意反而热闹起来，大家一反常态地要在秋天把自己剃成半秃，还学着芭芭拉的语气，点名要"恐龙 style"。

这可把"狸猫记"老板狸拖泥开心坏了！他不仅有求必应，还发动全体狸猫理发师开动脑筋，设计新造型。当然，不单造型要洋气、时髦、新潮，理发师们自己也得紧跟潮流。狸拖泥经过芭芭拉的指点，给自己和理发师都改了名字。他从此再也不是"土气"的"狸拖泥"了，改叫"拖泥·狸"。其他狸猫发型师也一律改名，于是出现了"担泥·狸""捡泥·狸""翻泥·狸""喷泥·狸"等这些奇怪的名字。

在"恐龙 style"的启发下，"狸猫记"的理发师们灵感如泉涌，参考从"鼠来宝"买回来的画册，活用洗、剪、吹、染、烫等各种技术，设计出了亚马孙鳄鱼式、草原雄狮式、雨林鹦鹉式、高原羊驼式等大家没见过的造型。还有莫名其妙的、专在脑袋上做文章的西瓜头、凤梨头、南瓜头……总之，冰雪森林一夜之间变成了"怪物公园"，连互相打招呼都得靠自报家门才知道对方是哪一位。即便如此，老板拖泥·狸还在不停地创新，他发誓要让冰雪森林的居民都走在"时尚的尖端"。

　　老虎奔奔最终也没抵挡住潮流的诱惑，染了一身红毛不说，还剪了个据说是最新潮的"北美红雀式"发型。据拖泥·狸介绍，这款发型灵感来自生活在美洲大陆上一种叫作"红衣主教"的小鸟，十分漂亮。

　　"要不要去'时尚的尖端'走走？""鼠来宝"里，奔奔得意地展示他的新发型，还鼓励"森林三侠"也去"狸猫记"换个形象。

　　"算了，我怕被'尖端'扎着！"京宝对自己天生的造型挺满意，不打算追赶什么潮流。

扎克摇摇头说："我也不用了，你看我，浑身都是'尖端'。"

357看见奔奔因用了冒牌货"大花神露水"掉光的毛还没长全，又理了个奇怪的"北美红雀式"，笑得直不起腰。好不容易止住笑，他问道："奔奔，这次给你带的新玩具喜欢吗？"357从城市老鼠那里换来了一对滑翔翼，仔细修补完整，送给了奔奔。

奔奔笑着说："喜欢得不得了！我搞的这个新造型就是为了它！我跟阿皮今晚就试飞，你们等着看好戏吧！"

阿皮是冰雪森林里的一只狍子，咱们之前没说起

他，是因为他的全部精

力都用在了一件事上——飞。不管是赶集还是放河灯，森林委员会投票还是赚贝壳，他通通没兴趣。除了填饱肚子，他整天都在做"飞行梦"——用树枝给自己造翅膀，一心想飞上天。阿皮自家领地上的枯树枝用光了，就大着胆子跑到河对岸的山上，继续造翅膀。而奔奔本来就是最爱玩的，现在他有了一对滑翔翼，这下，阿皮的飞行不再孤单了。

357 带回来的巨大"翅膀"经过细心修补，看起来似乎比原来还要结实。这是人类设计的"悬挂式滑翔翼"，巨大的"翅膀"下面，还有一副三角形金属支架。看样子，人类就是把自己悬挂在这副金属支架上，用身体控制方

向的。这副滑翔翼让狍子阿皮对人类的智慧惊叹不已，用金属制作的骨架，既轻便又结实，他自己用树枝扎的"翅膀"，虽然样子已经十分接近，但是在性能上还是无法相比呀！

奔奔也对飞行向往已久，得到滑翔翼后，迫不及待地央求阿皮带他一起飞。上山的一路，奔奔都很兴奋，不停地跟阿皮说，待会儿要来个"跃升滚转"

加"下滑滚转"。可是等他真的到了山顶，看到整个冰雪森林尽在脚下，反而吓得说不出话来了。奔奔只好决定暂时放弃"比翼双飞"表演计划，让飞行经验丰富的阿皮操控滑翔翼，带着自己一起飞。

　　阿皮是一只强壮的狍子，从肌肉的线条就看得出，他训练有素。他的一对眼睛炯炯有神，而身上的伤痕是他上百次飞行实验的勋章。阿皮从小就幻想，有一天自己能长出一对翅膀，像雄鹰一样乘风飞翔，在蓝天白云间自由来去，俯瞰美丽的森林家园。他不断地学习、实验，研究了小到山雀、麻雀，大到猫头鹰、老鹰，以及几乎所有鸟族居民的翅膀，然后不断改进他自己的"翅膀"，无所畏惧地在各种天气试飞。冰雪森林的居民都

知道，若是有什么东西突然从天而降，挂在

树上，掉在水里，或者把地面砸出个坑，那多半就是阿皮在试飞了。

　　人类的滑翔翼虽然设计精巧，结构扎实，可是根据阿皮的经验，带奔奔一起飞可能要超重："要不咱们还是按原计划吧，我还是用自己的这副'翅膀'。人类造的东西虽然不错，可是我们俩一起，会不会太重了？"

　　"不重不重！"奔奔生怕阿皮丢下他自己飞走，"357说，人类制造的飞机，可以装几百个人、几十吨货物呢！"

　　飞机能承装人和货物，那是因为有燃油提供动力，而357带回来的这副装置则属于无动力滑翔翼，全靠飞行员的经验技巧。他们两个……真的能行吗？

人们为什么喜欢追逐"时尚"和"潮流"?

芭芭拉掀起的时尚潮流，跟我们生活中的时尚潮流其实大同小异，都是指在一段时期内，在一个群体内普遍流行，而且被多数人效仿的行为模式，既包括物质方面，如衣食住行，也包括精神层面，如文化娱乐等等。

时尚原本是一种社会心理现象，它反映了人类的好奇心和追求新鲜事物的本能，同时也是人类从众行为的一种表现。也就是说，每个人都想要与众不同，同时又怕被群体抛弃，心理是复杂而矛盾的。

时尚潮流的特点之一是时效性，就像几年前火遍大江南北的"神曲"，今天可能已经算是"老歌"了。是否追逐时尚完全是个人选择，你完全有权利选择不受潮流的影响，坚持自我；当然，你也可以和大家一样"赶时髦"。但是过度追求时尚，甚至为某种时尚潮流而疯狂就没有必要了，毕竟时尚的特征之一就是"时效性"，你今天为之疯狂的时尚，或许过一阵子就变成"过时"和"老土"了呢！

从经济学角度看，有没有必要追赶潮流？

许多森林居民受到潮流的影响，开始模仿芭芭拉。"森林三侠"和阿皮就比较有"定力"，依然做自己的事情。可见，是否追赶潮流，完全可以自由选择。

如果你对价格比较敏感，可能会注意到这样一个现象：一款新的电子产品刚刚进入市场时价格是非常昂贵的，即便如此，还有人彻夜排队也想得到它。可是过了一段时间之后，它就变得不那么紧俏了，甚至还会打折。

这就是商家利用人的心理制定的营销策略。有些人是狂热的潮流爱好者，喜欢用最新鲜、最时髦的东西，因此他们愿意多花一些钱，排着队去追赶潮流。也有一些人对时尚不太敏感，更在乎性价比和实用性，他们会等到潮流过去后，买打折产品。如此一来，商家赚到了钱，潮流爱好者最先用上了新产品，不赶潮流的人也用较低的价格买到了好东西，大家都很满意。

那么从经济学的角度来看，为了追赶潮流多花了这一部分钱值得吗？别忘了，我们讨论过的"效用"。对于有些人来说，多花一点钱就能用到最新款的产品，获得极大的满足感，是非常值得的。而对另一部分人来说，只需要忍耐一阵，就能用很低的价格买到同样的产品，更令他开心。你看，大家对"效用"的定义完全不一样，做出的消费决策也就不同，很难用简单的对错来评价。关键问题是，消费应当与收入水平相匹配，一定要懂得理性消费。

问：不跟随时尚潮流就一定是"老土"吗？

问：为了用上最新的电子产品，多花一点钱，值得吗？

问：鼹鼠矿工挖出来的宝石不断涨价，销量为什么没有减少？

4 偶遇飞行员

阿皮朝森林里看去，乌鸦导航员此刻应该报告天气信号了。可他等了好一会儿，才看见一只肥喜鹊从树尖上飞起，在空中画了几个符号。

奔奔有点紧张："这家伙靠得住吗？"

阿皮也觉得有些奇怪，不过，符号至少没问题，"肥喜鹊"的信息表示：云层薄、风速低，地面有热力上升气流，山坡有动力上升气流——是飞行的好天气！

　　"好！咱们准备出发！"阿皮决定冒险一试。奔奔把自己绑在金属架上，双臂紧紧抱住阿皮。

　　"一、二、三，飞！！！"阿皮用强健的后腿助跑，在山崖上使劲儿一蹬，从雪山顶滑翔而下。

　　"哇！太棒啦，阿皮！"奔奔终于飞起来了，耳边呼啸而过的风，头顶迅速倒退的云，身下色彩斑斓的森林，让他很快忘记了害怕，他真想永远这样飞下去。

　　阿皮朝奔奔喊道："奔奔，这滑翔翼太棒啦！以后咱们也可以像鸟儿一样自由飞翔啦！"

　　"哦吼——飞翔简直太酷啦！"奔奔有些得意忘形，双臂抱得没有那么紧了。恰在此时，一股气流蹿上来，奔奔被冲得晃了一下。这一晃不要紧，滑翔翼失去了平衡。偏偏此刻他们正在森林上方，失去了山坡的上升气流，单靠地面热力气流不足以支撑狍子加老虎的重量。这下，倒是实现了奔奔要"跃升滚转"加"下滑滚转"的豪言壮语了！

　　滑翔翼带着阿皮和奔奔，像没头苍蝇似的在空中狂舞，终于俯冲而下，在森林上方一路翻滚，最后成了自由落体，垂直掉了下去。幸好他们坠落的地方是一片茂密的红松林，滑翔翼先被粗壮的松枝截住，才跌跌撞撞地落地。

　　奔奔小声哼哼着："哎哟哟，屁股好痛！"

确认过奔奔并没受伤，阿皮赶紧爬起来检查滑翔翼。阿皮也挂了彩，不过对他来说，疼痛没有滑翔翼重要。

"天啊，弄坏啦！"红松树上，芭芭拉惊叫道。

阿皮还算乐观："谢谢关心！不过还好，简单修一下，还能飞！"

"谁关心你了！喂，你是从哪儿冒出来的？我是说，你刚刚把我的丝绸弄坏了！"原来阿皮降落时，芭芭拉恰好在红松旅馆落脚，她才刚上树，巨大的滑翔翼就与她擦身而过，不仅拽掉了她昂贵的丝绸外套，连她自己也险些被拽下树来。

"对不起！对不起！"阿皮赶紧道歉，"是飞行事故，你没伤着吧？"

"嘿！那你有没有看见我们精彩的飞行表演啊？"奔奔的兴奋劲儿还没过，"超级'下滑滚转'你看到了吗？这可是高难度动作！"

芭芭拉更生气了，她站在树上喊道："我不懂什么超级滚转，倒是看见两个超级笨蛋摔得落花流水。好好的地不走，上什么天呢？我问你们，弄坏了我的丝绸怎么办？"

　　"丝绸？"阿皮有些好奇，"穿上能飞吗？"

　　芭芭拉没好气地说："丝绸就是丝绸，怎么能飞！"

　　阿皮说道："那就不是什么稀罕玩意儿，我们给你补补。"

　　奔奔态度十分诚恳地说："对不起啦，我保证补得漂漂亮亮！"

"哼！真讨厌，跟白老鼠店里的家伙们一样不识货！你看看这手工刺绣，"芭芭拉指着被划破的刺绣，那是一片粉红色的爱心形状，"这是人类在表达对我的爱，现在弄坏了，你们赔得起吗？"

阿皮凑近看个仔细："原来这个形状代表的是爱？"

"没错，没有这个'爱心'的符号，爱就没有了，人类……就不爱我了……"芭芭拉话没说完，就伤心地哭了起来。

"哎呀呀……别哭，别哭嘛……"阿皮一下子慌了，"这样的'爱心'我也有啊，我把我的送给你好不好？"

芭芭拉忽然止住哭声，奔奔也一样好奇，阿皮什么时候也有"爱心"了？

芭芭拉抽泣着问："是……是手工的吗？"

阿皮答道："唔……算是我妈妈的手工吧，也很好看！"

"在哪儿呢？我也想看看。"奔奔比芭芭拉还好奇。

阿皮解开身上的绳索，用力抖了抖毛，退后几步，转过身去，问道："看见了吗？"

奔奔和芭芭拉没说话，静静地看着阿皮。"哇哈哈哈……"突然，他们俩一齐笑了出来。

"我头一次见驴屁股上长爱心的，可真奇怪！"芭芭拉笑个不停。

阿皮的屁股上长着一圈白毛，果然就是一颗"爱心"！阿皮第一次在"鼠来宝"照镜子的时候还吓了一跳，觉得自己的屁股怎么长得如此奇怪。现在他才知道，这个东西叫"爱心"，居然是爱的标志。

"我可不是驴啊，我是狍子阿皮！不管怎么说，弄坏你的衣裳是我们不好，这颗爱心赔给你行吗？"

"我要你的屁股做什么！"芭芭拉被逗笑了，"旧衣裳嘛……随它去吧！"

奔奔跳上树，问芭芭拉："那你是谁？从哪里来？到冰雪森林来做什么？"

芭芭拉吓了一跳，本能地跳到更高一层的树杈上。她在人类世界听过一个故事，说猫是老虎的老师，老虎的一切技能都是猫教的，但猫也留了一个技能，那就是爬树。这就是说，老虎应该是不会爬树的呀？芭芭拉暗暗松了口气，幸好自己没得理不饶，否则老虎发了威，自己哪里是他的对手！可这样看来，人类编的故事也太不靠谱了吧！

芭芭拉故作镇静地说："你们森林的家伙都这样打招呼吗？怎么谁见了我都要问这几句话！"芭芭拉被问得多了，回答也越来越顺，"我是纯正英国血统身份高贵的芭芭拉女伯爵，赏光来冰雪森林度假。森林里的新潮流就是我——时尚女王带起来的。小老虎这个造型嘛……还不错。"芭芭拉对奔奔的"北美红雀式"造型表示肯定，"可是驴子太土了，还不赶紧去打扮打扮，现在森林里谁还不做个时尚造型呢！"

"哦！"奔奔突然想起什么，"我说乌鸦导航员怎么变成肥喜鹊了呢！"他说得没错，乌鸦也赶时髦，在"狸猫记"做了个"吉祥喜鹊"造型。跟据拖泥·狸的研究，喜鹊在人类世界代表快乐和幸运，而乌鸦名声却不怎么好。

"芭小姐，"阿皮似乎不为所动，"再次声明——我不是驴。另外，时

尚是做什么用的？我如果变得时尚了，能飞吗？"

"飞飞飞，你就知道飞！除了飞，对别的东西就没兴趣吗？还有，我不姓芭，不要叫我芭小姐！在我们英国，名字在前，姓氏在后。"

"别的东西？反正我没兴趣。飞行是我的梦想，为梦想而努力，是最大的快乐！对吗，芭……哦，对不起，拉……拉小姐。"

树上的奔奔哈哈大笑："原来你叫拉芭芭……这时尚我可真搞不懂！"

"你们两个笨蛋真是无可救药！"芭芭拉开始气急败坏，"我姓温莎，全名芭芭拉·温莎！"

"好吧，温莎小姐，我们冰雪森林有最清甜的泉水，最干净的空气，既然来度假，就好好享受吧！"奔奔跳下树来，收起滑翔翼。

"森林的土地和阳光充满了能量，多住些日子，你的皮肤病说不定就能好起来。祝你美丽的毛发早点长出来！"阿皮和奔奔抬起滑翔翼，消失在森林里。

　　芭芭拉一时间没反应过来："皮……皮肤病？"阿皮竟然以为芭芭拉是因为得了皮肤病才把自己剃成半秃的。这可把芭芭拉给气坏了！即刻，她优雅全无，龇牙咧嘴地朝天空一阵狂叫："我讨厌你们！"

芭芭拉引以为傲的"手工"等于高品质吗？市场上"手工""手作"商品为什么比普通商品贵？

芭芭拉时刻不忘强调的"手工"，在生活中也很常见。留心观察就会发现，市场上很多商品都用"纯手工"来标榜自己品质优秀，而这些商品，价格通常也要高一些。这是什么原因呢？

对于一般商品来说，"手工"价格高主要是因为生产效率低。也就是说，同样的商品，手工生产要比机器生产消耗更多的时间。拿芭芭拉的刺绣外套来说，一个人可能要花费两个小时才能绣出一件，可是刺绣机器两小时可能绣几十上百件。可见，与其说手工商品价格高，不如说机器生产降低了商品的成本，同时让更多的人能够负担得起。

今天的现代化工厂设备先进，技术成熟，还有严格的质量控制，对于大多数普通商品来说，在正规工厂中用机器加工制作，质量是非常可靠的。特别是食品生产工厂，必须严格执行国家制定的标准，否则质量监督机构就会对工厂进行处罚。

可以说，除了传统手工艺品和奢侈品，大部分工厂产品不见得比"纯手工"质量逊色。纯手工商品之所以受到追捧，应该说更多的是一种反潮流时尚。

机器是什么时候开始取代手工的？工业有那么重要吗？

人类的历史虽然漫长，但是我们今天所拥有的便利生活，大约是以十八世纪中期发生在英国的第一次工业革命为起点，才慢慢发展至今的。在十八世纪以前，可以说世界上绝大多数商品都是"手工"制作的，原因很简单，因为根本就没有工厂呀！

工业革命将人类的历史带入新阶段，从那时起，无数科学家和技术工人致力于研究发明能够取代人力、畜力的生产制造方式，各种"机器"就是工业革命的产物，人类由此进入机器时代。机器制造极大提高了生产力，降低了生产成本，让许多原本稀缺或昂贵的商品变得普通，提高了人们的生活质量。

我们今天所享受的现代化便利生活，很大程度上得益于工业技术的进步。无论是对国家还是个人，工业都是非常重要的。

1

问：芭芭拉为什么总是强调"手工刺绣"？

2

问：手工制作的质量就一定好吗？

3

问：假如我国农业生产和食品制造全部采用"手工"会怎样？

5　紫貂包包店

"芭芭拉风潮"给冰雪森林带来的影响简直超过了西伯利亚寒潮。简单说来，"芭芭拉风潮"就是"奢华风"，讲究武装到牙齿的精致，而且吃穿用度一律向最高标准看齐。芭芭拉作为备受人类宠爱的"猫贵族"，这样生

活当然没问题。可怕的是，在这种风潮的影响下，上到飞天的乌鸦气象员，下到挖地的兔子矿工，都把自己装扮得珠光宝气。

　　"风潮"虽然没吹到"森林三侠"身上，却着实给"鼠来宝"的生意带来了影响。357从城市带回来的丝绸，本来是筑巢的好材料，无论是住地下城，还是树上城，用柔软的丝绸铺床，既舒适又透气。不过，丝绸终究是难得的稀罕玩意儿，所以价格比较昂贵，一般的森林居民会选择棉布，一样舒适，

并且物美价廉。芭芭拉来到森林之后，原本用棉布的居民，无论贫富，都改用丝绸了。357 进了好几次城，丝绸还是供不应求。城市老鼠发现丝绸紧俏，便开始涨价。"鼠来宝"也只好跟着涨价，可是价格上涨似乎也无法阻挡森林居民们的消费热情。那些收入不高的森林居民哪里来的钱购买昂贵丝绸呢？357 有点好奇。

　　森林居民们挑好丝绸，就直接到兔子霹雳的裁缝铺，要求做芭芭拉同款

外套。本来缝制围裙、桌布和被褥的霹雳，成功转型为时尚设计师。

同样受到追捧的，还有芭芭拉同款小挎包。冰雪森林里的姑娘们争先恐后地挤进紫貂小姐家里，想要定制一个芭芭拉那样时髦的小挎包。紫貂姐姐瑶瑶一直用桦皮制作结实耐用的购物袋，还从来没做过小挎包。为了满足姑娘们的需求，她将芭芭拉请来店里，想看看她的小挎包究竟是怎样做的。

"小心一点，可别给我弄坏了！我这个包包可是今年最新款式，纯手工高级定制，从巴黎运回来的，可贵了！"芭芭拉看见瑶瑶仔细研究她的包包，傲慢地提醒道。

瑶瑶认真地翻看着，芭芭拉挎包的手工的确十分精致。人类的巧手真是大自然的杰作，比起这小挎包，她更希望能拥有一双像人类一样灵巧的手。包包的配件也打磨得极为精细，严丝合缝，森林里恐怕没有这样的技术。最令她称奇的还是包包的材质，内层柔软，外层光滑，颜色均匀，质地细腻。这显然不是桦皮材质，那这究竟是什么材质呢？

瑶瑶研究包包时，妹妹琪琪则在研究芭芭拉。琪琪一对亮晶晶的眼睛里，满是崇拜的光。她羡慕芭芭拉精致的打扮，独特的香味，而且芭芭拉的体态是那么优雅，散发着贵族猫特有的气息。琪琪再看看自己和姐姐的样子，总觉得灰突突的，就是会被芭芭拉叫作"乡巴佬"的那一类。要是能像芭芭拉一样，有一身银灰里带点蓝光的皮毛就好了，再做个时尚造型，多么洋气啊！

芭芭拉不耐烦地说："喂，土妞，你转得我头都晕了，看什么呢？"

　　琪琪害羞地问："人类真的对你那么好吗？给你买这么多漂亮的东西，而你什么都不用为他们做？"

　　"那还有假？"芭芭拉得意扬扬，"他们爱我。爱就是无条件地付出，不求回报。被爱的那一方就是幸运儿，只要安心享受就可以了。"

　　琪琪没有说话，但眼里充满了向往。

　　"当然啦！"芭芭拉又补充道，"我偶尔也做些让人类开心的事，这样一来，他们还会加倍宠爱我，新鲜鱼罐头啦，电动玩具啦……恨不得把全世界的好

东西都弄来给我。"芭芭拉表演了几个动作，每次她这样做时，人类都开心

得不得了。

　　琪琪问："那你是怎么遇见人类的？"

　　"这个我记不清楚了，那时候我还小。当时，我好像在一间透明屋里，

周围人来人往的。有人从这里走过，发现了我，就把我带回家，从此便开始

幸福生活了。"芭芭拉说的地方其实就是宠物商店。

　　琪琪还在问东问西，芭芭拉却懒得答了。

芭芭拉离开后，瑶瑶急匆匆地向"鼠来宝"跑去。她惊魂未定，迫切地想见到357。整个森林里最见多识广的就是他了，瑶瑶需要听听他的看法，以解开自己的疑惑。她到底发现了什么？

价格也有"弹性"？

在前面的故事中我们知道，供给和需求决定市场价格，而价格也会反过来影响需求。就像红毛狐狸的游乐场，门票贵一些，游客就少一些；门票便宜些，游客就多一些。

可是，为什么"鼠来宝"的丝绸涨价了，还是供不应求呢？可见，需求对价格变化的反应也是有差别的。在经济学中，常用"弹性"这个概念来衡量需求量对商品价格变动的反应。如果一种商品的需求量对价格变化特别敏感，那么这种商品的需求价格弹性就比较大，反之则弹性较小。

一般来说,生活必需品,特别是难以被替代的商品弹性小,也就是说无论价格怎样变化,我们都少不了它。比如食盐,不管它涨价还是降价,我们既少不了它,也不会拿它当饭吃,但没有别的东西能代替它。因此,食盐的需求弹性就很小。

反之,非必需品需求弹性就很大。比如漂亮的衣服、鞋子、文具等等,都属于有了挺好,没有也不影响生活。如果这类商品突然涨价,那你可以选择不买,或者买价格合理的替代品。

当然,许多商品的需求弹性并不是一成不变的。比如,流感季节来临时,口罩就会变成弹性较小的必需品。在我们的故事中,丝绸作为一种非必需品,它的弹性本来是很大的。可是当流行风潮吹来,大家都想要时,它的弹性居然变小了——即使不断涨价,大家还是要购买。这其实是一种非理性的行为。丝绸是必需品吗?当然不是,它与流感时期的口罩是不能相提并论的。所以在生活中,遇到因为潮流而变得越来越贵的商品时,你一定要思考一下,这种"需求"是不是理性的?跟风消费到底有没有必要?

问：城市老鼠为什么给丝绸涨价了？

问："鼠来宝"为什么给丝绸涨价呢？

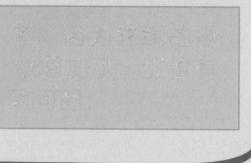

问：哪些因素会影响需求的价格弹性？

68

小词典

效用

消费者对消费或投资满足程度的度量。经济学一般认为，人的决策准则是效用最大化。

时尚

一种社会心理现象，它反映了人类的好奇心和追求新鲜事物的本能，同时也是人类从众行为的一种表现。

农家乐

是一种以农业和乡村消费为特点的旅游休闲形式。

弹性

经济学中的弹性衡量的是一个变量的改变在多大程度上影响其他变量。

手工艺品

以手工作坊形式加工制作的产品，通常带有一定的艺术构思。常见的民间手工艺品有编织、陶艺、刺绣、木工等形式。

奢侈品

经济学中将超出人们生存与发展需要范围的高需求弹性商品。

工业革命

第一次工业革命发生在十八世纪的英国，是一场以机器取代人力、以工厂取代手工作坊的生产与技术革命。

生活中的经济学

警惕生活中的"消费主义"陷阱

"消费主义"是一种社会现象，它引导大众通过消费来满足欲望，提倡物质享受并将其奉为人生目标。消费主义有一个特点，它不会直接告诉你买什么，而是努力给你灌输一种观念。比如，选择某品牌是"身份的象征"，使用某品牌代表"尊贵"，买了某样东西才是"爱自己"……它总是想办法给物品穿上华丽的"外衣"，勾起一些人想要"与众不同"的欲望。

可是仔细想想，一个普通人，倾尽所有买一块象征"尊贵身份"的高级手表，他就能成为富豪吗？当然不可能！女孩们穿了"明星同款"，她就能成为明星吗？恐怕也不行。从"效用"的角度思考，效用衡量的是人的满足感，但它不是恒定的。一旦你习惯了"高级"商品，你的"效用"标准也会随之提高，渐渐地，只有"更高级""顶级"甚至"限量""独一无二"才能给你带来满足感。假如你有用不完的钱，那当然没问题，可是多数人条件有限，所以我们偶尔会听到某人因为

过度消费而陷入绝境的新闻。

从经济学的角度来看，提倡消费，更多的是希望经济相对落后的地区能够尽快富裕起来，使大多数人进行力所能及的消费活动，而绝不是提倡超出自身能力的消费。因此，提倡"消费"和提倡"节约"并不矛盾，基本消费和消费主义所引导的理念也绝不一样。为满足虚荣心而过度消费，甚至以追求物质享受为人生目标，都不是好的消费观。

生活中，你可以活用我们学过的使用价值、价值、成本、效用、弹性、必需品、替代品等知识，试着衡量商品的价格是否合理。比如一个背包，无论广告把它形容得多么高级、历史如何悠久，甚至手工精美、数量有限、明星同款等，都不能改变它只是一个背包的基本属性，它的基本成本不会超过材料费和手工费，它的功能完全可以被替代，那么它的价格应该是多少？值不值得购买？你可以自己估算一下。正确识别"消费主义"陷阱和它的各种伪装，你就能保持头脑清醒，做一个聪明的消费者。

图书在版编目（CIP）数据

我的财商小课堂. 不要做"负翁" / 龚思铭著；肖叶主编；郑洪杰, 于
春华绘. –– 北京：天天出版社, 2021.7
（森林商学园）

ISBN 978–7–5016–1723–4

Ⅰ. ①我… Ⅱ. ①龚… ②肖… ③郑… ④于… Ⅲ. ①财务管理—少儿
读物 Ⅳ. ①TS976.15–49

中国版本图书馆CIP数据核字(2021)第104585号

森林商学园

我的财商
小课堂

钱不是万能的

肖叶 主编　龚思铭 著

郑洪杰 于春华 绘

人民文学出版社　天天出版社

目 录

1 警惕高利贷

　　紫貂瑶瑶匆匆钻进"鼠来宝"，看见"森林三侠"都在，她稍稍松了一口气。

　　"357，"瑶瑶小心翼翼地问，"你有没有亲眼见过，或者听说，别的森林里有蓝色的鹿？"

　　"蓝色的鹿？"357觉得瑶瑶的问题怪怪的。他和京宝、扎克对视一眼，他们也摇头。

"对，就是蓝色的鹿，天蓝、水蓝、湖蓝、冰蓝……什么蓝都行。"

"森林三侠"还是摇头。

瑶瑶继续追问："那么，绿色的兔子呢？"

"哈哈，这个我见过！"扎克笑道，"霹雳……霹雳在'狸猫记'染了个'凤梨头'，他的脑袋现在就是绿色的。"357和京宝也点头笑起来。

瑶瑶却没有笑，她向"森林三侠"倾诉了自己的恐惧："大家都想定做芭芭拉的包包，所以我跟她借来研究了一下，想看看它是用什么材料制成的。谁知我越凑近，越觉得气味奇怪。它虽然混入了别的味道，可我还是闻出来了，是鹿！鹿的味道！包上挂着的绿色小装饰好像是兔子毛！可是那包包里外都

是蓝色，毛球是绿色的，怎么可能有蓝色的鹿和绿色的兔子呢？"难怪刚才在店里，瑶瑶吓得魂不守舍。原来她发现，芭芭拉时髦的小挎包极可能是用鹿皮制成的！

"虽然我没有仔细看她的靴子，"瑶瑶继续说，"但那质地远远看去也差不多。既然没有蓝色的鹿和绿色的兔子，那我就放心多了……我还以为人类真的会用咱们的皮去做包包，吓死我了！"瑶瑶终于笑了。

可357却笑不出来了："瑶瑶，虽然没有蓝色的鹿和绿色的兔子，可是人类是非常聪明的，连狸拖泥都会给咱们的毛染色，人类难道不会给咱们的皮毛染色吗？"

"你是说……"京宝惊叫，"人类真的会用咱们的皮毛做衣服、做包包？"大家到底是太年轻了，虽然森林居民都知道，见到人类要立刻逃跑，但并不是每个居民都知道具体原因。

刺猬扎克又吓得团成一团，357安慰道："扎克别怕，你的刺太多，做不了衣裳。"

"这么说……"瑶瑶再一次紧张起来。

357严肃地说："嗯，应该就是了。"

原来芭芭拉时髦的小挎包真的是用鹿皮做的！瑶瑶难过极了，她一直用桦皮制作包包，一样结实耐用，而人类那么聪明，发明了棉布、丝绸，这哪一样不能做包包呢？为什么要用鹿皮去做呢？人类真是聪明,简直聪明得可怕！

瑶瑶失魂落魄地回到家，妹妹琪琪却兴冲冲地跑过来撒娇。

"爱是无条件的"？这么不讲理的话，哪是小琪琪能说出来的？这么快就被芭芭拉带坏了！瑶瑶很生气，不去理她。

　　"鼠来宝"这里刚送走瑶瑶，又迎来了狐狸歪歪和扭扭。看样子他们已经从破产的阴影里走出来了，还在"狸猫记"做了新造型，"蒸汽朋克"风格，样子怪异，而且比开游乐场一夜暴富那会儿打扮得奢华。他们是到"鼠来宝"来买丝绸的。

　　357 好奇地询问他们如何发的财，狐狸歪歪得意地炫耀："还记得猴蹿天吗？他可真是江湖侠客、大财主，他的钱可多了！"

　　京宝问："怎么，他的钱白送给你们花吗？"

　　"哪有那种好事！"歪歪答道，"不过也不坏，咱们森林里凡是有领地的，都可以从他那里拿钱花！"

　　357 仔细地询问缘由，简直快要气炸了！原来，那猴蹿天在森林旅馆里住下，发现森林居民对芭芭拉十分好奇，于是他趁机到处宣扬：芭芭拉是时尚偶像，芭芭拉的一切都是好的，是"洋气""时髦"的，要学习芭芭拉的穿着打扮、言行举止，否则就是"乡巴佬"！所谓的"芭芭拉风潮"，根本就是猴蹿天吹起来的！而他这样做的目的，竟然是为了放高利贷！

　　既要造型，又要打扮，还什么都要高档的，森林居民当然没有足够的钱。
每到这时，猴蹿天就会以救世主的姿态出现，"勉为其难"地借钱给大家，
说只要把领地作为抵押物，再往现成的合同上按个爪印，就可以了，等欠款
还清了，领地还可以收回。在猴蹿天的鼓动下，不少森林居民都拿出自己的
领地，换了金银贝，去追赶"芭芭拉风潮"。殊不知，猴蹿天只讲好处，不
提风险，骗森林居民跳进了他设下的圈套！

　　357 把这一切跟歪歪解释了一遍，歪歪却不以为然。

　　歪歪说："猴大侠是做好事呢！你看，领地只是抵押给他，我们还可以住，

他又没赶我们走。"

扭扭接着说道："等我们赚了钱，慢慢还清了借款，领地还是我们的，这有什么不好呢？"

357叹了口气："你们是怎么约定的？"

"立了字据，你看！"歪歪从包里掏出一张树皮纸，上面写着"蹿天金融服务公司抵押贷款合同"和各种霸王条款，下面一边是猴子的掌纹，一边是密密麻麻的狐狸爪印。看来狐狸家族集体同意，用领地做抵押，借钱赶时髦。

357拿起树皮纸仔细读起来，最终在大字底下，发现了一行比蚂蚁还小的小字。357拿来放大镜才勉强看清楚，他念道："贷款期限为三次月圆，贷款利息20%，复利计息；如乙方不能按期归还本息，抵押物归甲方蹿天公司所有。"

歪歪惊叫道："你不说我都没看见呢！这是什么意思？"

扎克吃惊极了："什么意思都不知道就按爪印了？！"

京宝说："意思就是说，三次月圆之后，如果你们不能连本带利地还钱，你们的领地就归猴蹿天啦！"

"什么？！"一提到领地，狐狸兄弟紧张极了！他们尝过没有领地的滋味，决不能让悲剧再次发生。

357说："利息20%的意思是，如果你们借了100枚银贝，那么就得还120枚。而且还是'复利'，也就是'利滚利'。那么算起来，三次月圆后就要还将近200枚，你们能还清吗？"

"怎么可能……借来的钱都赶时髦了，花了花了，没有了！"歪歪简直要哭出来了。

扭扭十分惊恐："猴蹿天是个骗子！他当时根本没说要还这么多！我们把合同撕掉！"

"你们肯定按了不止一次爪印吧？"

歪歪和扭扭点点头。

"所以猴蹿天那里肯定也留了一份合同，赖账是没用的。等合同到期，就要强制没收你们的领地啦！"357可不是吓唬他们。

歪歪和扭扭丝绸也顾不得买了，收起银贝与合同，跑回去召开家庭会议了。357 想不通，同样的错误，他们怎么会一犯再犯。

京宝气道："我说一只小猫怎么就掀起这么大的妖风，原来是猴蹿天搞的鬼！"

扎克若有所思："难怪最近大家都成暴发户了，差不多的东西，非得都挑贵的买！"

"是啊，京宝、扎克！店里的顾客都是常客，咱们对他们的收入大概有数，突然花钱买又贵又没什么用的东西，一定是——"

"森林三侠"一齐叫了出来："跟猴蹿天借钱了！"

若果真如此，那麻烦可就大了！大家借来的钱都用来消费，根本没有收回的可能。假如大家手里的合同跟狐狸家族相同，那到了合同约定时间，冰雪森林里的大部分土地恐怕都要归猴蹿天了！这只狡猾的猴子！

　　不过，虽然猴蹿天鼓吹赶时髦和放高利贷十分可恶，但他毕竟没有逼迫大家去借高利贷。合同既然是森林居民自愿按的爪印，就难以惩治猴蹿天。轻而易举地被洗脑，签合同时疏忽大意，说到底是自己的问题。独立思考、审慎细心和理性消费是一种非常难得的品质，很可惜，那些被猴蹿天煽动，借钱也要赶时髦的森林居民，已将它们抛到了脑后。

利息是什么？借钱为什么要付利息？

假如我们要租借房屋，房屋的拥有者会要求我们支付房租——房租是房屋的使用费。同样的道理，借钱时，通常也应该向货币的所有者支付一些"使用费"，这个费用就叫作"利息"。

比如普通人在购买住房时，通常需要向银行"贷款"——也就是人们从银行借钱。我们使用了银行的钱，就需要向银行支付"使用费"，也就是"贷款利息"。所以向银行偿还贷款时，除了借出来的那一部分本金，还要多支付一部分贷款利息。

商业银行的利息水平（也就是"利率"）通常是由我们国家的中央银行——中国人民银行给出一个参考，再由商业银行根据自己的经营情况，来决定具体是多少。所以不同的地区，不同的银行，不同的时间里，利率也有高低变化，不是固定的。

高利贷又是怎么回事？

商业银行设定的利息水平不必与中央银行的参考值一模一样，可以在一定区间内浮动，但不会相差太多。可是"高利贷"就不管这么多了——高利贷是一种利息特别高的高息贷款，它就是我们常说的"利滚利""驴打滚""大耳窿"。听这些称呼就知道，高利贷不是好东西。向高利贷借钱，不仅"使用费"大大高于银行，如果借款人无法按时还钱，拖欠的利息也会被计入本金，连同原来的本金一起，继续被收取"使用费"。一段时间之后，借款金额有可能变成原来的好几倍，让人无法招架。在旧社会，百姓因为高利贷卖儿卖女、家破人亡的事情经常出现。

像高利贷这类民间借贷看似比银行借贷便利，暂时能解燃眉之急，但是利息极高，一旦开始，很难摆脱。

无论哪种形式的贷款，听起来似乎离我们小朋友的生活很远，可是，人的消费习惯却是长期形成的。即使你现在只有一些零花钱，也应当学会好好管理，量入为出，培养良好的消费习惯，避免将来陷入不必要的麻烦。

15

1

问：什么叫利息？

2

问：高利贷的主要特征是什么？

3

问：一个人向银行贷款 100 万元，总共要还款 105 万元。贷款利息是多少？

2 惹出大麻烦

　　乌鸦气象员挨家挨户地发布预警——北方的寒潮很快就要到达冰雪森林了！357 听到这个消息立刻紧张起来，他开始打点行装，准备叫上奔奔进城。

　　京宝笑道："寒潮有什么可怕的，咱们冰雪森林的居民哪个不是耐寒高手，什么时候要穿棉衣了？"

"现在还是这样吗？"357反问。他的话没错，比寒潮更凶猛的，是猴蹿天吹起的"芭芭拉风潮"。这股妖风把许多森林居民的毛都给"吹"掉了，在"狸猫记"把自己变成恐龙、鳄鱼、狮子、凤头鹦鹉等这些他们根本没见过的奇怪模样。森林居民的美丽毛发，无论颜色还是质地，都经过几百万年严酷气候的考验，是大自然和祖先共同馈赠的礼物。可惜，那么多森林居民仅仅因为几句"乡巴佬"，为了"时髦"这样一个理由，就轻率地剃去珍贵的毛发，把自己变成了陌生的样子。

眼前，寒潮即将夹冰带雪地袭来，光秃秃的皮肤披着轻薄的丝绸，该如何度过漫长的严冬？ 357正是想到这一点，才匆忙想进城去买些棉花，带回来给森林居民御寒。

扎克看着357，似乎并不着急。笃笃笃，是敲门声。"扎克在吗？'獾乐送'快递，请您签收！"咦？这个时候，扎克买了什么呢？

扎克打开"鼠来宝"的大门，两位体格健壮的獾子快递员扛着大包出现在门口，他们俩进进出出好几趟，才算完事。

"感谢选择'獾乐送'快递，服务满意请给好评！"獾子服务态度极好，扎克按上爪印，在快递单上勾选了"满意"。

357好奇地问："扎克，你买了什么东西？怎么这么多？"

"店里都快堆满了，快说呀扎克，是什么？"京宝跳上一个包裹，仔细地闻。

扎克不紧不慢地转身，用背上的刺划开一个包裹——哇！柔软的毛发泉水般地涌出来！

"扎克！你太聪明了！"357立刻明白了，这是从"狸猫记"理发馆回收的毛发。

　　"全部是上好的绒毛！"扎克得意地说。自从"狸猫记"开始营业，扎克就跟狸拖泥说好，要回收他店里的毛发。不过，剃下来的针毛一律不要，只收梳下来的绒毛。最近"狸猫记"生意大好，梳下来的绒毛自然多，满地的包裹里，就是森林居民做造型时，梳下来的绒毛了。

"哦，我明白了！"京宝叫道，"原来你是想把这些绒毛做成披肩，给大家御寒！"

绒毛披肩能帮助做过"造型"的森林居民们暂时抵御寒潮，可是向猴蹿天借的高利贷呢，要怎么解决？总不能眼睁睁看着大家的领地被猴蹿天收走吧！

357 正在冥思苦想，突然，紫貂瑶瑶冲进"鼠来宝"，上气不接下气地喊道："不好啦！琪琪……琪琪她离家出走了！"

"什么？！"京宝接过瑶瑶手中的树皮纸，只见上面写道：

亲爱的姐姐：

爱是无条件的，你不爱我。

我去城市里，找爱我的人类了。

琪琪

瑶瑶哭道："都怪我！琪琪想要丝绸外套，我买来做给她就好了！"

扎克安慰道："这不是你的错。咱们本来就不需要追赶什么'芭芭拉风潮'。是琪琪太任性了！"

"是啊！"京宝说，"芭芭拉说的那些话，本来我就不太相信，人类那么聪明，怎么会像她说的那样伺候她呢？琪琪迟早会明白，娇纵和放任，根

爱的姐姐：

爱是无条件的，

你不爱我，

我去城市里，

我爱我的人来了。

本就不是爱！"

"可是……人类世界那么危险，我总想起蓝色的鹿、绿色的兔子，琪琪她会不会……会不会……"瑶瑶的担心一点也不多余，在人类的世界里，紫貂的皮毛远比鹿皮和兔毛更加稀有！琪琪哪里知道，她嫌弃的"土气"皮毛，远比她所向往的丝绸珍贵千万倍！

357对于紫貂的价值再清楚不过，可是他不想让瑶瑶担心，于是安慰了她几句，让她回家等消息。357关上"鼠来宝"大门，转身对京宝和扎克说："猴蹿天和芭芭拉在冰雪森林里兴风作浪，是时候管管他们了！"

正好是黄昏时分，357冲到森林事务所，请熊所长召集森林居民开会议事。京宝和扎克请御林军把猴蹿天和芭芭拉也带到事务所。

芭芭拉听说紫貂琪琪跑到城市去了，吓得大叫起来："天哪！这个傻东西！"

熊所长先问话："猫小姐，我们对城市不熟悉，请问，人类会善待她吗？"

芭芭拉沉默不语，猴蹿天倒先回答了："善待？哼！那要看她遇到什么人了。万一遇见的是恶人，估计她很快就会变成一件衣裳了！赶快去救她吧！"

熊所长不解："什么意思？"

"对人类来说，紫貂皮毛可是最上等的皮草。像琪琪小姐身上那样年轻漂亮的皮毛，是可遇而不可求的！"

熊所长年纪大一些，他想起自己还是小熊的时候，冰雪森林的紫貂家族曾是非常兴旺的。后来不知什么原因，这个家族的成员突然越来越少了。芭芭拉的话勾起了他的回忆，他不禁渗出冷汗。

"可能是衣服的一部分，也可能是围脖、帽子，谁知道呢，那要看人的喜好了。"猴蹿天倒没有说谎，"我知道你们为什么叫我来，没错，这股风潮是我吹起来的，我也确实在森林里放了高利贷。我本来只是想收几块领地，在森林里安家，可我没想到，居然要伤及性命了。一猴做事一猴当，我认罚。不过我劝你们先想办法去救那小东西，否则下次见到她，可能已经被人类穿戴在身上了！"

芭芭拉在旁边不停地点头，看来琪琪的确处境危险。于是熊所长决定，组织一支精锐部队，连夜进城寻找琪琪。可是，城市对大多数森林居民来说都是陌生的，派谁去呢？

皮草是什么？它是新潮流吗？

　　"皮草"是指用动物皮毛制成的服装，具有保暖性，价格通常比较昂贵。

　　皮草的历史远比我们想象的要长。早在旧石器时代，靠狩猎和采集野果为生的古人类就用动物皮毛来保暖，不过那个时候，人类狩猎是为了生存，动物皮毛是狩猎的"副产品"，并且在其他材料出现以前，兽皮是御寒的必需品。

　　随着人类社会生产力的进步，人类的饮食变得丰富多样，棉、麻等纺织品的出现也给服装制作提供了选择。不过在封建社会中，动物皮草依然作为身份的象征，受到追捧。

　　从御寒的功能来看，动物皮毛的确有着非常出色的保暖性。比如今天生活在北极圈内的因纽特人，依然离不开兽皮制品。但无论是因纽特人，还是一些以狩猎为生的游牧民族，都非常注重生态平衡，他们在打猎时会控制时间和数量，并且主要选择动物种群中的老弱病残，极少伤害动物幼崽和怀孕的母兽，只有这样，人类和动物才能和谐相处，共同生存下去。

皮草这么贵，它是必需品吗？

如今，对于大部分人来说，皮草都不是必需品，而是奢侈品，消费者看重的是所谓时尚而非御寒功能。过多的需求会造成过度捕杀，许多动物因此濒临灭绝甚至已经灭绝。虽然现在人类已经意识到，为了自己的欲望而剥夺动物的生命是不道德的，但是因为市场上仍有需求，皮草制造业依然存在。虽然今天的皮草行业用养殖代替捕杀野生动物，尽量采用人道的方式减少动物们的痛苦，可是皮草的存在真的有必要吗？

人类已经发明出那么多高科技材料，不仅能够御寒，许多还防水、透气、耐脏，功能上比皮草优秀得多，人造皮草的样子也足以乱真。无论是为了功能还是美丽，皮草都可以被人工材料替代。人类虽然进化出聪明的头脑并创造出发达的文明，可人与动物却依然有许多相似之处，比如同样的血肉之躯，同样的恐惧感、疼痛感，同样脆弱的生命……如果人类能够平等地看待其他生命，也许未来动物们就不必牺牲生命为我们提供皮毛了。

1

问：皮草是必需品吗？

2

问：紫貂琪琪为什么认为姐姐不爱她？

3

问：古代人和游牧民族也打猎、穿兽皮，这和现代人穿皮草有什么不同？

30

3 超级大营救

"派老虎去。"猴蹿天似乎想将功折罪，主动献计献策，"我行走江湖的时候常听人说'虎口逃生'。只要老虎开了口，琪琪肯定能逃生！"猴蹿天又开始秀他的半吊子人话。

芭芭拉歪着脑袋："这个词我也听过，可好像不是你说的这个意思吧？"

猴蹿天恼羞成怒："那你说谁能去？那小东西离家出走，还不都怪你！"

芭芭拉倒镇静："我愿意去，谁有本事谁跟我去！"

"我去！"老虎奔奔自告奋勇，"管他什么意思，'虎口'我有，而且我经常跟357进城，我不怕人！"

"你不怕人？"芭芭拉翻了个白眼，"那是你没遇见过坏人吧！告诉你，不光你的皮能做衣裳，连你的骨头都是药材，小心被捉去泡酒！"

奔奔忍不住打了一个寒战。

"那我呢？"狍子阿皮也愿意出力。

"你想泡酒还不够资格呢，顶多能做一盘菜。"芭芭拉说道，"还有你、你、你们，也不用逞英雄了，进了城搞不好都是要上餐桌的。"她指着兔子、狸子、獾子道，"你、你、你们也不行，要么做衣裳，要么做药材！"水獭、猞猁猫和鹿也被淘汰出局，"你嘛……拔了毛，做鸡毛掸子！"雉鸡也被她吓坏了。

芭芭拉转身看到贝儿和熊所长他们似乎想毛遂自荐，干脆先泼起冷水："熊先生们也免了吧，你们的熊掌和胆汁可一直被坏人惦记着呢！"

芭芭拉声情并茂地一番描绘，还用爪子比画，吓得在场的森林居民一声不吭，有的还哆嗦起来。

扎克勇敢地站出来："那我呢？"

"你嘛……虽然不会被吃掉，可是你的刺会被拔下来……做牙签，或者……把你绑在棍子上，用来……用来刷马桶。"看来芭芭拉对人类世界也是一知半解，若真是这样，恐怕刺猬早就灭绝了。

"那就我去吧！"扎克很坚定，"不管是拔几根刺，还是被绑起来刷

马桶，总不至于要命，我进城比大家安全些。"扎克平时动不动就吓得缩成一团，此时却愿意为伙伴冒险。

"我们肯定跟扎克一起，'森林三侠'永不分离。"京宝、357 决定和扎克一起去。

"我也去！"瑶瑶也要去救妹妹，"就算被人捉住，大不了和妹妹一起被做成衣裳！"

气氛有些悲壮，熊所长连忙发话稳定军心："我们不能放弃任何一位居民，但也不能让大家去冒险。'森林三侠'体形小，在城市里行动方便，可以加入，由猫头鹰部队护送你们进城，只需探明琪琪的位置即可，然后立刻返回森林，咱们再制订具体的营救计划。"熊所长的策略是正确的，营救计划需要周密的部署，仅有冲动和一腔热血，除了令自己也身陷险境之外，并没有什么实际的作用。

"对！"大家都赞成熊所长的计划，"咱们集体行动就不害怕人类！"

猴蹿天撇撇嘴，芭芭拉叹了口气，不知道他俩什么意思。

"你干的好事！"熊所长一脸威慑地盯着猴蹿天，"等救出小琪琪，再来收拾你！"

猴蹿天吓得赶紧赔笑脸："熊大人别生气，我也愿意为救琪琪出力！"

为了将功补过，猴蹿天也跟着瑶瑶、芭芭拉和"森林三侠"连夜进城。

然而，要探明琪琪的位置谈何容易！城市那么大，人那么多，有谁会注意到一只紫貂呢？如果她已经被人类捉住，三街九巷，千门万户，哪里才是她被困的地方呢？357他们乘着猫头鹰降落在树上，看着万家灯火，车水马龙，竟毫无头绪。

猴蹿天到底行走过江湖，对城市毫不陌生。见357没有主意，便带着大家钻进街心花园。只见猴蹿天爬上路灯，双腿钩住灯柱，两只手臂在灯光下颇有章法地比画着，口中打起节奏，一张嘴堪比整套锣鼓班子，大家无不啧啧称奇。猴蹿天耍宝结束，花坛里钻出一队松鼠，有七八只，行动整齐划一，训练有素的样子。

357 问京宝："是你的亲戚吗？"

"我看，是你的亲戚吧……"京宝可不是要吵架，那队松鼠的确样貌奇怪，尾巴不像京宝一样翘着，也不住在树上，而是从地下钻出来的。

猴蹿天跳下路灯打招呼："各位，好久不见了！"

松鼠们一齐抱拳回礼，又自然分成两队，一字排开。又一只松鼠从花丛中踱步出现，他体形消瘦，清秀儒雅，但派头十足，极有威严。

猴蹿天毕恭毕敬地说道："拜见杜花生杜先生！"

357 忽然明白了，原来这些"松鼠"就是传说中的城市地下特工。可既然大家都是老鼠，干吗要打扮成松鼠呢？

杜花生十分斯文，不像一呼百应的特工队长，倒像位教书先生："猴大侠，好久不见了。你看我给大家置办的新行头如何？"

"高，实在是高！"猴蹿天恭维道，"有了这身衣裳，行动就方便多了！"地下特工们装上假的松鼠尾巴后，即使白天过街，也不再被人人喊打了。京宝眼睛瞪得老大，他这才知道，自己在城里还挺受欢迎。

猴蹿天说明来意，杜花生表示"小事一桩"。他一个手势，"松鼠"们便向四面八方散去。

地下特工拥有遍布全城的消息网，他们对人类的一举一动可谓了如指掌。不多时，特工们就锁定了郊区的一栋大别墅。357他们对特工们的办事效率惊叹不已，猴蹿天送了一枚金币给杜花生表示感谢。

"举爪之劳，何足挂齿。"杜花生十分仗义，还派了一位"松鼠"特工带路。

当他们即将到达别墅时，大家突然发现芭芭拉不见了！可情况紧急，顾不上找她。357决定独自潜入别墅，确定琪琪的具体位置。

别墅大厅里，357不小心被一只锋利的爪子绊倒，惊慌失措中，发现那居然是一只威武雄鹰的爪子，可惜雄鹰已经被拆去了骨肉，身体里填满棉麻，成了一具漂亮的标本。这令357既惊恐又难过。不过他肩负任务，只能强迫自己振作精神。终于，在地下室的笼子里，357找到了琪琪！

"357，是你吗？带我走357！我……我好想家，想姐姐，想你们每一个！我不要人类的宠爱了，我想回冰雪森林！"琪琪一见到357，就拉住他呜呜地哭起来，"别墅女主人的包包，都是用伙伴们的皮做的！她的外套，我也看见了，上面至少趴着几十只我的同胞！她的衣柜里，还有用伙伴们皮毛做的大衣……可别墅男主人说，它们都没有我好看，他要把我做成毛领子，送给女主人！我好害怕啊……"

"嘘——"357压低声音，十分谨慎，"别怕，我们会救你，瑶瑶也来了，她就在外面。"

"啊！姐姐也会被做成毛领子的，这里很危险！"

"她当然知道危险，但是为了你，她说什么都不怕。"

琪琪沉默了，一瞬间，她好像明白了什么。

357趁机仔细观察了别墅的结构，记下各种细节。很快地，他已经对未见面的别墅主人有了些了解。

有人声传来，357赶紧回到院子里，和同伴们商量对策。

"事不宜迟，来不及回森林通知熊所长了，咱们得马上想办法营救。"357当机立断，"再晚一天，琪琪可能就要变成毛领子了！"

357在别墅里闻到了熟悉的气味，和芭芭拉身上的香味简直一模一样；原来这股香气来自人类祭祀用的香火，混杂了各种花木的气味。别墅里到处摆着神像，再看墙上，密密麻麻地挂着各种动物的标本，还有象牙、犀牛角……357愤怒极了："残害了这么多生命，哪路神仙也护佑不了你们！"

357决定，干脆就利用别墅主人的心理来救琪琪。他将大家聚在一起，详细部署了"声东击西"的妙计。

野生动物保护与偷猎者

　　为了保护野生动物，拯救珍贵、濒危野生动物，维护生物多样性和生态平衡，我国早在二十世纪八十年代末就颁布了《中华人民共和国野生动物保护法》。根据这部法律，不仅猎杀国家保护的野生动物属于犯罪行为，收购和食用国家保护的野生动物同样也是犯罪行为，将会受到法律的严厉制裁。

　　不仅在中国，世界上许多国家都严厉打击和制裁猎杀野生动物的行为。可惜，无论法律法规如何严厉，世界范围内偷猎和买卖野生动物的行为依然存在，许多野生动物因此濒临灭绝或已经灭绝。

　　从科学的角度来看，野生动物通常并不比一般家畜更有营养，它们的骨骼和器官也没有传说中那样神妙的药效，它们的皮毛更不见得比棉花、人造材料等都保暖。所以，若说猎杀野生动物能给人类带来更多实际益处，实在令人难以信服。其实偷猎者所追求的，多是财富罢了。

　　野生动物保护者们有一句口号，叫作"没有买卖，就没有杀害"。其中的关键其实在"买"。假如人们能够放弃不切实际的追求和欲望，不消费任何野生动物产品，那么偷猎者就得不到利益，非法捕猎自然也就越来越少了。

人类祖先对待野生动物与今天应区别开

对人类的祖先来说，大自然是既神秘又可怕的。原始人类从风雨雷电中感受到自然蕴含的无穷力量，从草木鸟兽身上感受到勃勃生机，他们渴望自然能够赋予自己丰富的食物，希望能够预知变幻莫测的天气，避免灾害的发生。原始人类对自然的这种复杂感情，其实是一种原始的崇拜心理。这种对自然的崇拜逐渐变得具体化，于是选择某种自然物品作为寄托，希望从中获得智慧或力量，并且逢凶化吉。原始人类的许多器物、图腾，都是自然崇拜的产物。

如同熊作为自然界力量的王者，曾是许多部落和民族的崇拜对象。但很显然，无论吃熊掌、穿熊皮还是把熊的标本立在家里，人类都不可能拥有熊的力量。自然崇拜是人类的一种心理现象，崇拜自然就应当尊重和爱护自然，而不是破坏和毁灭它。

1

问：吃熊掌、喝虎骨酒，就能拥有熊和虎的力量吗？

2

问：不去猎杀，只是购买和食用国家保护野生动物可以吗？

3

问："没有买卖，就没有杀害"这句口号藏着一个经济学原理，你发现它是什么了吗？

4 攻打大别墅

坏人真可怕！温顺如羚羊，勇猛如老虎，飞天的雄鹰，潜水的鳄鱼，全都死在他们的欲望之下。即使隔着窗子，大家依然看见别墅阔气的大厅里到处都是动物的标本，还有牙和角。他们不寒而栗，又怒火中烧，恨不得冲进去跟住在里面的坏人拼个你死我活。

357 提醒大家："别忘了，咱们是来救琪琪的！"

没错，越是愤怒，越要冷静。

357 的计划是利用别墅主人的心理，摆一个"迷魂阵"，明修栈道，暗度陈仓。也就是说，一边吸引他们的注意力，一边偷偷进屋去救琪琪。

　　营救开始！

　　跟随他们而来的"松鼠"特工召集了一群乌鸦挺身相助，他们在院子里飞来飞去，高声叫喊。霎时间，气派的别墅院子里充满了诡异的氛围。等别墅主人被这"黑云压顶"的场面吸引到窗前时，猫头鹰御林军用绳子吊起瑶瑶，慢慢地降落在窗前。窗子里

的人看不到头顶的猫头鹰，只看见瑶瑶伸着双臂，从天而降。与此同时，房顶的猴蹿天施展起他的声音绝技："我是你衣橱里的冤魂，客厅里的标本，我好痛！还我皮毛！还我命来！"他一会儿学紫貂哀嚎，一会儿学狐狸啜泣，一会儿学雄鹿长鸣。他的声音凄厉无比，令听者脊背发凉，就算没做过亏心事，也不免被他吓到。

扎克举着一对树枝做的"鹿角"，从窗前吊了下来，在黑暗中，简直与雄鹿的头骨没什么两样……窗前的两个人早吓得抱头痛哭，嘴里一会儿阿弥陀佛，一会儿各路神仙，不停地叨叨。

猫头鹰捕头暗自佩服猴蹿天的本领，能用动物的声音说人话，真是闻所未闻！

与此同时，357和京宝已经偷偷潜入地下室，想办法打开笼子，将琪琪救了出来。京宝跳上树梢，发出收队信号。

行动成功了，大家当然高兴，却又觉得心里堵得难受。也难怪，眼前这两个人，看起来富贵又体面，可谁能想到，他们竟是动物杀手呢？房子、车子和名牌珠宝竟还不能满足他们的虚荣心，非要用剥夺动物的生命来彰显与众不同吗？

"代表森林惩罚你！"猴蹿天爬到房顶上，拿烟囱当厕所，小惩大诫。猫头鹰部队和乌鸦们，也发起了一轮密集的"空中轰炸"。剥夺其他生命来满足私欲的人，只配收到这个！

看见琪琪被救出，"松鼠"特工抱拳行礼道："后会有期，告辞了！"然后便纵身一跃，乘着一只乌鸦，瞬间消失得无影无踪。

烟囱上的猴蹿天以为大家把他给忘了，只好自己翻筋斗撤退。屋檐到树丛有些距离，看来他是太着急了，还没踩稳就起跳，在空中慌作一团。眼看他就要摔到围墙的尖刺上时，两只猫头鹰及时赶到，精准地抓住他的双脚，猴蹿天被大头朝下地捞了起来。

成功被救的琪琪趴在猫头鹰捕头的背上，回头望着那豪华却恐怖的别墅，再望向远方，在秋风中如大海一般波澜壮阔的冰雪森林。原来全世界最华美的衣裳，就穿在她身上；天地间最可贵的爱，一直在她身边。姐姐和小伙伴们冒着生命危险，将她从坏人手中救出来，芭芭拉所骄傲的、用金钱堆砌的"宠爱"，根本无法与之相提并论。琪琪紧紧抱住猫头鹰捕头，她再也不要离开

冰雪森林，再也不要离开姐姐和伙伴们。

"喂，两位大哥！"猴蹿天喊道，"能不能换个姿势，我的脑子充血啦！"

357回头望去，猴蹿天还保持着大头朝下的姿势，倒悬在空中前行。

"我们也代表森林惩罚你！"两只猫头鹰狡黠地一笑，异口同声地回应他。看来，他们也知道猴蹿天放高利贷的事了。

"喂——慢点……救命啊……请……稍等……"猴蹿天就这样被大头朝下地拎回冰雪森林，空中回荡着他的求饶声。

当357一行带着琪琪在森林事务所降落时，森林居民们发出了震耳的欢呼声。可是，听京宝讲完营救的过程，大家又都沉默了。

瑶瑶惊魂未定地说："人类那么聪明，发明了各种御寒的方法，有那么多很好的防寒材料，为什么还要剥我们的皮毛去做衣裳？"

听到这话老虎奔奔也害怕起来："我们一旦没了皮毛，也就没命了呀！"

"人类这么可怕，芭芭拉还说他们爱她呢……咦？芭芭拉怎么没跟你们一起回来？"阿皮最先发现芭芭拉不见了。

猴蹿天朝林子里喊道："出来吧，小猫！"

只见芭芭拉蹑手蹑脚地从树上跳下，她畏畏缩缩的，完全没了原来的神气。

大伙儿小声议论着："哼！都怪她！"

"还是怪我！"猴蹿天被吊得头晕目眩，却还有些侠气，"芭芭拉只是爱炫耀，那些歪风邪气主要是我借机吹起来的，我想赚点钱……嘿嘿！"

瑶瑶生气地问芭芭拉："你说人类那么宠爱你，你的生活那么幸福，那

你干吗不留在城市里，又回到森林来做什么？"

京宝道："回答这个问题之前，或许我们应该先请芭芭拉诚实地回答，琪琪被困的大别墅，是不是你在城里的家？"

"什么？！"大伙儿瞬间惊呆。

芭芭拉低头不语。

"绝对没错，我跟357进去救琪琪的时候，别墅里到处都是和芭芭拉身上一样的味道。"京宝望着琪琪，她也点头，"别墅里还有许多芭芭拉的照片，和她用过的玩具。"

"哦，原来你是和你的人类主人合伙来欺骗我们，想把我们都骗进城市去，用我们的皮毛做衣裳，用我们的骨头泡酒，对不对？！"一时间群情激愤，大伙儿一步步地逼近芭芭拉。

357抬抬手，示意大家安静："大伙儿先别激动，依我看，这倒是冤枉她了。如果我没猜错，芭芭拉并不是来咱们森林度假，而是被她的人类主人遗弃了，对吧？"

森林居民再次发出惊叹，芭芭拉垂着脑袋，点了点头。

芭芭拉不是血统高贵的英国贵族折耳猫吗？怎么会被人类遗弃呢？

什么是"虚荣心"？它有什么表现？

还记得芭芭拉刚来到冰雪森林时的样子吗？她炫耀自己的穿着打扮，吹嘘人类如何宠爱她，说自己只是来森林度假……唯一没有说的就是事实——她被遗弃了。她为什么要对森林居民们说谎呢？

其实，芭芭拉是害怕大家瞧不起她，她太在意别人对她的评价，所以想通过炫耀的方式，获得大家的认可。这是"虚荣心"的表现之一。

"虚荣心"是人的一种心理状态，常常表现为盲目炫耀、攀比、过分在意他人的评价、急于表现自己的优秀或与众不同。

其实，想要获得他人的关注、展现自己的优点、适当的争强好胜、获得同伴的尊重……这些心理需求是十分正常的，是"自尊心"的体现。"虚荣心"与"自尊心"的区别，就在于这个"虚"字，它常常不是靠真才实学，也不关注事实和内在，而是用虚假甚至错误的方式，盲目炫耀和攀比。

对于我们来说，自尊心是必备的，适当的虚荣心也无伤大雅。不过，为了满足虚荣心而盲目炫耀、攀比，或者放弃踏实努力，想要依靠吹牛来获得他人的尊重和认可，那可是绝对要不得的！

不要被自卑感打败！

紫貂妹妹终于逃出来，我们可以松一口气了。现在回想一下，她是怎么让自己身陷险境的？噩梦是从哪里开始的？

对了，琪琪因为羡慕芭芭拉精致的打扮和漂亮的外貌，就开始讨厌自己的样子和现有的生活。在心理学上，这种与他人比较时，产生的自我轻视的情绪体验，通常被称为——"自卑感"。正是这种负面情绪影响了琪琪的思考，使她一心只渴望得到自己没有的东西，反而忘记了自己拥有什么。琪琪的问题在于，她没有正确认识到，她和芭芭拉是完全不同的个体。

即使你非常聪明优秀，在学校里、在更广阔的世界中，总会遇到比自己更聪明、更努力、更优秀的人。如果此时你因为自己不如别人而感到失落、挫折、悲伤，这是十分正常的。一些心理学家的研究认为，人的自卑感源自婴儿时期，也就是说，无论多么优秀的人，都难免在某一时刻产生自卑感，所以不必为此感到困扰。千万不要使自己被负面情绪绑架，陷入消极、自暴自弃、嫉妒、怨恨等情绪的黑洞里，那样你就被它打败了！我们应当勇敢地面对负面情绪，正确地处理它。我们可以积极地面对自身的不足，向优秀的人学习，将自卑感变成动力，不断地给自己鼓劲儿加油！

1 问：芭芭拉明明被主人遗弃，却骗大家说是来度假的，这是为什么？

2 问：为了在运动会上取得好成绩而拼命努力锻炼，这是虚荣心的表现吗？

3 问：自己某一方面不如别人，情绪低落，于是想：干脆放弃吧……这可以吗？

5 芭芭拉的坦白

357看着芭芭拉说道："我看见那座别墅里，到处都是人类为即将降生的婴儿准备的用品，我想，别墅女主人应该是快要生宝宝了吧？"

"是的！"芭芭拉低着头小声说，"他们听人说，我很可能会影响宝宝的健康，商量着要把我送到收容所里去。可我听说，一旦进了收容所，很快

就会死掉。我是因为害怕，才逃出来的……我骗了大家，对不起！我已经一无所有，再也不会有人爱我，打扮我了……"果然，越是内心胆怯，就越喜欢虚张声势。芭芭拉不仅被人类安排了出生，还差点被安排了死亡，身世的确可怜。想到这里，森林居民们也不忍心再责怪她了。

"其实，我好羡慕大家，不必讨好谁，也不必看谁的脸色，靠自己的本事，在森林里自由自在地生活……"放下了傲慢的态度，真诚的芭芭拉其实挺可爱，"我虚张声势、傲慢、炫耀，是因为……因为我很自卑，怕大家瞧不起我。我不知道爸爸妈妈是谁，也不知道兄弟姐妹在哪里，一出生就被人类带走了。可是，他们现在也不要我了……我再也不是雍容华贵的时尚女王芭芭拉了，你们也不会喜欢我了……"芭芭拉哭得很伤心。

琪琪默默地走近芭芭拉，摘下她身上的珠宝首饰，脱掉她的丝绸外套。瑶瑶以为琪琪要教训芭芭拉，出口恶气，刚想劝她，没想到琪琪温柔地说："别灰心，芭芭拉小姐。雍容华贵，时髦洋气，这些东西一点都不重要。"

芭芭拉眼泪汪汪地看着琪琪。

琪琪说："我以前真的很羡慕你，我也曾经觉得，那些东西很重要，如果没有，简直太不幸了！可是，当我被人类捉住，差点没命的时候，是靠357和大家的智慧、勇气，是靠姐姐的爱，才把我救出来的。"

"喂喂，还有猴大侠精彩绝伦的口技！"猴蹿天学着琪琪的声音提醒道，大家都被这猴子逗笑了。琪琪这次有惊无险，猴蹿天的确功不可没。

琪琪点点头："我已经明白了，什么才是世界上最珍贵的东西。你呢？"

琪琪的一番话让大家对这个小家伙刮目相看。是啊，如果头脑中没有智慧，心中没有勇气和爱，即便拥有再多美丽的衣裳、华贵的珠宝，也依然一贫如洗。因为欲望是无穷无尽的，没有的时候想要拥有，拥有之后还想要更多。就像大别墅的主人那样，当普通的奢侈品无法带来更多快感的时候，就会用极端的方式，刺激自己空虚的心灵。

"琪琪说得对！""芭芭拉，打起精神来！""在冰雪森林重新开始，要靠自己！"大家纷纷鼓励芭芭拉。

熊所长同意芭芭拉留下来，可前提是必须找份正当的工作，不能像猴蹿天那样，靠歪门邪道赚钱。猴蹿天一听，马上掏出一大把贷款合同，撕了个粉碎，承诺只要归还本金，绝对不抢大家领地。刚刚听熊所长讲明白什么是高利贷的居民们这才松了口气。

"可是，我除了吃喝玩乐，什么也不会啊……哦，对了！我上过猫学校，我是捕猎高手，从前院子里的松鼠啦、老鼠啦，还有各种鸟，我都能捉到……"

听到这话，"森林三侠"和别的小动物们立刻躲开了她。

芭芭拉委屈地说："放心，我不会伤害大家，可……可我真的没有其他本领了呀！"

这时候，狸拖泥突然笑起来："谁说没有！别看轻自己嘛！"狸拖泥转身对熊所长说道，"熊所长，我愿意请芭芭拉小姐来'狸猫记'做形象设计顾问。不过……芭芭拉小姐，"狸拖泥又看向芭芭拉，"您能不能设计些不用剃毛的造型，冬天来了，我有点冷。"为了显瘦差点把毛剃光的狸拖泥在风中瑟瑟发抖。

　　芭芭拉笑着点点头，有了工作，她就能靠自己独立生存了。大家也同意她留下来，芭芭拉有家了。

　　"差点忘了！"扎克听见狸拖泥说冷，突然跳起来道，"各位！'鼠来宝'即将推出绒毛披肩，需要的小伙伴请来我这里预订。"

　　西伯利亚寒潮马上就要来了，对于那些为了赶时髦而剃光自己毛的森林

居民来说，绒毛披肩无异于救命稻草。扎克的这个消息令大家开心极了，大家即刻排起队要求测量尺寸。

京宝笑着过去帮忙："扎克也太敬业了，这个时候还不忘做广告。"

357看着大伙，若有所思：为什么猴蹿天三言两语，芭芭拉几句炫耀，就能让森林居民们方寸大乱呢？他们把自己打扮得奇形怪状，借钱去买并不需要的东西，去追潮流、赶时髦，似乎打扮成芭芭拉的样子，就能获得人类

的宠爱一样。其实只要冷静下来想一想，就会明白那些东西根本就没那么重要，而且盲目跟从是多么愚蠢的一件事情呀！若不是琪琪身陷险境，差点没了命，恐怕大家还在做时髦梦呢！坚持自我，不受外界影响果然不是件容易的事，可是怎样才能做到呢？

"你说，用绒毛来修补滑翔翼好不好？"阿皮并没有赶时髦，奔奔也只

是做了个"北美红雀式"发型。现在,他的皮肤上已经自然地生长出细密的绒毛,

对他们来说,冬季一点也不可怕。

"笨蛋,那不比棉布还漏风吗?你还没摔够啊!"奔奔和阿皮有说有笑,

勾肩搭背地离开了。

对啊! 357 看着阿皮的背影,还有忙着给大家量尺寸的扎克和京宝,他

忽然间想通了——找到自己真正热爱的，为它倾注所有的热情，向着目标，无所畏惧地前进，就能拥有独立的精神和坚强的内心，同时收获无尽的快乐！就像狍子阿皮那样，无论西伯利亚寒潮还是芭芭拉风潮，什么也无法动摇阿皮的飞行梦。他坚强、执着又乐观，百折不挠，排除一切干扰，简单而快乐。森林居民们都说阿皮是"傻狍子"，其实他才是冰雪森林最有智慧的居民！

内心的自由和快乐，不就是这么简单吗？

　　那些身外之物，可能轻易获得，也可能轻易失去，只有独立的精神和坚定的理想，才能谁也抢不去、夺不走。森林里，天地间，也许这才是最宝贵的财富吧！

财富是好东西吗？应该如何看待金钱？

每个人都可以在合乎法律和道德的前提下，依靠自己的劳动创造财富，这是件值得骄傲的事情。钱可以换来我们生活所需的物质，比如衣食住行；钱也可以带来精神愉悦，比如旅行、看演出。正因为如此，许多人都想要获得更多的财富。财富本身没有好坏，重要的是，如何获得它，以及如何使用它。

一个人对财富的态度，反映的是他的金钱观。中国人常说，"君子爱财，取之有道"。除此之外，还应当"用之有度"。人应当做金钱的主人，正确地使用它，而不是做金钱的奴隶，受它的驱使。

财富越多，人就越快乐吗？

假如这是真的，那请你想一想，为什么在中国历史上最困难、最危险的时期，总有许多侨居海外的中国人，愿意放弃高薪和舒适富足的生活，回到祖国的怀抱呢？

当一个人从贫穷到富有，随着财富的增加，确实极可能感到越来越幸福。不过，财富与快乐共同增长却是有一定限度的，也就是说，当财富积累到一定程度时，更多的钱便无法带来更多的快乐。无论多么好的东西，也会有令人麻木或厌倦的一刻；钱也是如此。

故事里大别墅的主人大概就到了这个阶段，他们住上了洋房，开着豪车，拥有数不清的昂贵物品。可惜财富没能使他们获得内心的平静，他们反而用残忍的方式来炫耀自己的财富。这些行为恰恰显出他们内心的空虚，不仅不能令自己更快乐，也很难获得他人的尊重。

生活中也有许多人，依靠智慧和勤奋获得财富，并且善用财富，帮助他人，不仅收获了幸福感，也获得了内心的平静和满足。可见，与财富相比，正直、善良、高尚的理想……这些听起来似乎不相干的东西，虽然无法直接改善人的物质生活，却能在精神上给人带来更高层次、更加持续的愉悦感和幸福感。

问：大别墅的主人那么有钱，值得我们羡慕吗？

问：人越有钱就越幸福吗？

问：获得财富的方式重要吗？

小词典

利 息

在一定时期内，货币持有者向货币所有者支付的使用费。

高利贷

一种民间借贷形式，通常以向借款人索取极高额的利息为特征。

虚荣心

一种心理状态，通常借由炫耀、吹嘘等方式，获得他人关注和认可。

自尊心

一种自我接纳、自我尊重的意识。认为自己有价值、值得尊重，但也能够接纳适当的批评。

自卑感

心理学概念，指因轻视自己而产生的情绪体验。

中华人民共和国野生动物保护法

我国法律之一。法律规定猎杀、收购和食用国家保护的野生动物属于犯罪行为。

君子爱财，取之有道

中国古代传承至今的财富观，是指行为端正、光明磊落的人只从正当渠道获取财物，而不取不义之财。

"效用"这个概念有什么用

我们已经知道，"效用"衡量的是某种物品或行为给人带来的满足程度。不夸张地说，"效用"这个概念，为我们提供了一种新的看问题的角度。

举个最简单的例子，我们在做决策时，常常反复考虑之后还是犹豫不决：该不该买呢？该不该去呢？该不该做呢？现在你有了"效用"这个好用的工具，就可以简单问一问自己，某样东西、某件事情的"效用"如何，并且如何排序。

经济学家们认为，大多数人的行为准则是为了获得最大的"效用"。简单来说，人通常会以获得最大满足感、幸福感为目标来做决定。下一次面对选择时，你可以试一试，从"效用"的角度来衡量选项，看看有什么不一样。

既然效用是以自我感受作为衡量标准，这就表示，同一事物在不同的人看来，其效用可能是千差万别的。所以，假如你特别喜好什么，你也要接受别人不喜好的事实，而不应该轻易以自己的标准去评价他人。同样地，如果学校里风靡什么，而你偏偏不喜欢、不想跟风，这

也是十分正常的，不必觉得自己有什么不对。

除此之外，效用还有一个很有趣的特点，那就是到达一定程度之后，它会变得越来越不明显，这叫作效用的"递减原理"。举一个简单的例子，给你一个机会，让你把最喜欢的食物一次吃个够。你会发现从某一时刻开始，吃得越来越多，可满足感和幸福感却不如一开始那样强烈了。吃到最后，说不定还感到恶心，再也不想吃了。你看，"效用"就是这样，不仅对每个人都不同，对你自己也不总是一样。它不仅会由大变小，甚至可能变成零或者负数（越吃越恶心，就相当于"负效用"）。

中国古人提倡"君子寡欲"，就是告诉我们要节制欲望。明白"效用递减"原理，你就知道这是为什么了。再好吃的东西，也别吃个没完，懂得适时停止，不仅有益健康，也能保护你对食物的兴趣。同样道理，适当地节制欲望，一方面能够使人不受物欲的驱使，一方面也能够保护你的满足感。无论多么喜欢的东西，一旦变得稀松平常而且没完没了，也就没那么令人快乐了，不是吗？

图书在版编目（CIP）数据

我的财商小课堂. 钱不是万能的 / 龚思铭著；肖叶主编；郑洪杰, 于春华绘. –– 北京：天天出版社, 2021.7

（森林商学园）

ISBN 978-7-5016-1723-4

Ⅰ．①我… Ⅱ．①龚… ②肖… ③郑… ④于… Ⅲ．①财务管理—少儿读物 Ⅳ．①TS976.15-49

中国版本图书馆CIP数据核字(2021)第104560号

森林商学园

我的财商
小课堂

森林银行开业啦

肖叶 主编　龚思铭 著

郑洪杰　于春华 绘

人民文学出版社　天天出版社

目　录

1 围攻养鸡场

"猴大侠！"357请求道，"麻烦您去一趟熊草堂，把咱们的猜测告诉贝儿。"发现虫子有可能是毒源后，357认为有必要马上通知大家。

357对猴蹿天如此客气，京宝有些意外。不过他很快回过神来，从地下仓库取出几袋嫩虫交给猴蹿天："卖给阿黄的嫩虫和这些嫩虫是一样的，幸好还没有开始大卖。请猴大侠把这些嫩虫一起带给贝儿，让他检查一下吧！"

京宝想得真周到。

猴蹿天一口答应了357和京宝的嘱托。

猴蹿天离开后，357又对京宝说："你恐怕得去一趟阿黄那里，请他暂停营业。鸡暂时不能卖了。"

京宝叹了口气："他早上还来咱们店里买了好几个'仙女丝'，说今年鸡卖得好，会多多支持我们，现在我却要让他暂停营业……况且嫩虫还是我们卖给他的……"

357明白京宝的心情，冰雪森林的居民们向来友爱互助。阿黄总是帮衬"鼠来宝"的生意，"鼠来宝"却给阿黄添了麻烦，这也令357感到难过。他安慰京宝说："咱们把阿黄的钱退回去，再赔偿他的损失吧！"

京宝点点头："他很喜欢吃咱们的'仙女丝'，我多带几个给他。"

京宝离开后，357决定去扎克捕虫的地方——森林南端3号狐狸家领地去看看。

"哦，我想起来了！"露台上的乌鸦墨墨终于想起她到"鼠来宝"做什么来了。至于刚才为什么被气哭，现在她反而忘记了……

"357别走，我要买东西！"

自己的好伙伴扎克也"中毒"了，357心里更加着急。尽管如此，他还是耐心地接待了乌鸦墨墨。

"你终于想起来了吗？说吧，我拿给你再走。"

墨墨慢悠悠地回忆起来："这要从昨天傍晚说起……"

"墨墨，对不起，"357礼貌地打断她，"能不能别从昨天晚上说起……好多森林居民都中毒了，我正在急着找线索！等大家都好起来，我再听你讲，好吗？从你出生讲起都行！"357心急如焚，却尽量和缓措辞。

"好吧，那你要说话算话。"墨墨叹了口气，"我要夜空色的衣服，上面绣了标志的那种。"

357感到疑惑："衣服？那你得去找兔子霹雳，我并不是裁缝啊！"

"不不不，那不是普通的衣服，就是要从昨天傍晚讲起嘛！昨晚，河对岸来了几个人，还带了两条大狼狗。这两位跟城里那些游手好闲的家伙可不一样，他们跟主人穿着一样的衣服，高大英俊，简直比御林军的狼威风还要威风！"墨墨两眼放光，很兴奋的样子，"他们两个可是有身份的，一个叫'少校'，另一个叫'上校'，哎呀太酷啦！我就想要穿起来显得很威风的那种衣服！"

357听说河对岸又来了不速之客，有些警觉。可是此刻，他来不及细想，只回答道："好，我知道了，等我找到解毒的方法就去给你找一套。"说完，357就朝狐狸家的领地跑去。

墨墨满意地点点头。她低头冷不防看见被绑起来的扎克，想起扎克说她是"讨厌鬼"，于是又呜呜呜地哭起来……

另一边，京宝用最快的速度赶到养鸡场，可似乎还是晚了一步。看来"吃鸡会中毒"的消息已经传遍森林。京宝找到阿黄时，养鸡场已经被愤怒的森林居民们围住了。

"黄鼠狼养鸡，没安好心！"

"给鸡下毒，没了良心！"

森林居民们怒气冲冲，不停地向阿黄逼近。

"杀掉所有的鸡！"

"烧毁毒鸡舍！"

抗议声此起彼伏。

阿黄被逼到没有退路，还是在努力地解释："我真的没有下毒，我的鸡没有问题！我自己也吃鸡，你们看，我不是好好的？"

可是愤怒的森林居民们根本不听："你骗谁？你既然下了毒，自己怎么会吃？"

"杀掉所有的鸡！"

"烧毁毒鸡舍！"

京宝连忙跳到阿黄身边，大声替他辩解："阿黄没有骗大家，他真的没有下毒，是我们'鼠来宝'的虫子饲料出了问题，我们

已经在找解毒的办法了！请大家耐心等一等。"

"可是鸡已经中毒了，不能吃了！"

"必须杀掉！！"

大家的情绪依然激愤。

"这些鸡是我的心血，我的全部身家！没有鸡就没有我！不能杀啊，

就算杀了我，也不能杀我的鸡！"阿黄带着哭腔，

有些悲壮。

京宝忽然觉得有些不对劲——怎么来抗议的还有兔子、狍子、梅花鹿这些平时根本不吃鸡的居民呢？他们既然不吃鸡，没有中毒的可能，那何必硬要阿黄杀鸡呢？

一打听才明白，原来这"毒"比想象中还要厉害，因为——它会"传染"！不仅吃鸡的会顷刻变"毒舌"，被"毒舌"伤害的，也会感染变"毒舌"。

"我妈妈本来是很温柔的，"一只小兔抽泣着说，"今早出门回来，她突然变了！我只是问了一句离月圆还有几天，她居然说我没长脑子！"

"我爸爸也是！"小山雀抱怨道，"飞行学校出了乱子，他反而说停课正好，反正我这样的笨蛋，什么也学不会！"

……

大家都是一肚子委屈，可见这"毒"有多厉害。难怪大家一定要逼阿黄杀掉所有的鸡。

京宝想起自己被扎克"误伤"时，心中的确万分难过。如果他不是了解扎克的品性，说不定真的会被"传染"，开口骂回去——你这个臭刺猬！

"大家不要吵了！"京宝喊道，"我明白大家的心情。可是，这毒真的没有大家想象的那么可怕。扎克也中了毒，我和357刚被他骂了。但我并没有被传染，357也没有。这个时候，相互理解第一，他们只是中了毒，并不是有心的。大家不要伤心，更不要受影响。"

大家沉默了一会儿。梅花鹿突然站出来说："对啊！狸拖泥说我头上长树枝，可是，角是我的武器，我很喜欢，狸拖泥还没有呢！"

鼹鼠也点点头："虽然我是眯眯眼，可我在地下畅通无阻！"

"就是这样！"京宝给大家打气道，"虽然毒源和解毒方法我们暂时还没找到，可是我们有办法阻止它传染！阿黄也是受害者，我们不能因为自己被伤害，就迁怒于无辜的阿黄。"

大家小声议论了一阵，觉得京宝的话有点道理。他们慢慢散去，决定先把阻止传染的方法告诉身边的亲友，再耐心等待解毒的良药。

这神秘的"毒"真可怕！

鸡对阿黄来说意味着什么?

"中毒事件"令森林居民们苦不堪言，被"毒舌"伤害的居民出于惊恐和愤怒，要求阿黄毁掉养鸡场和他的鸡。假如京宝没有及时出现，那阿黄可就惨了。

阿黄养鸡场是靠卖鸡和鸡蛋来获得收入的，也就是说，鸡能够给阿黄带来收益。像这样能给企业或个人带来经济利益（收入）的资源，叫作"资产"。对于阿黄和他的养鸡场来说，鸡就是他最重要的一项资产，它们归属于阿黄，一直给他带来丰厚的收入。假如鸡被弄死，不管鸡舍是否还在，阿黄在很长一段时间之内都难有收入了。

资产还可以进一步分为"有形"和"无形"两种。对阿黄来说，鸡和鸡舍就属于他的有形资产，可以直接带来收益。那么无形资产呢？假设阿黄拥有出色的养鸡技术，使得"阿黄"牌鸡蛋和鸡肉具有特别的营养价值和口感，那么阿黄的养鸡技术，以及"阿黄"这个品牌，都属于他的无形资产——虽然没有实际形态，但也能够产生价值。

小心语言的"杀伤力"！

我们已经知道，语言暴力也能够给人造成伤害。在生活中，我们或多或少都会遇到这类有杀伤性的语言。就像故事里有些森林居民一样，虽然没有"中毒"，却因为坏情绪，也变成了"毒舌"。为了避免受到语言暴力的伤害，同时也避免自己用这类语言去伤害他人，首先要学会识别。除了前面提到的"绰号"和"人身攻击"，日常生活中有一些表达方式虽然没有直接暴力那么可怕，却也有一定的杀伤力：

假设你提出一个问题——"我的书在哪里？"想象一位家人或朋友，按下面的答案回答，体会一下你的心情分别是怎样的。

答 A："在书桌上啊。"

答 B："你眼睛看不见吗？不就在书桌上吗？"

答 C："你不会自己找？"

答 D："你没脑子吗？自己放在哪里了不知道吗？"

答 E："你问我，我问谁？"

答 F："我不知道，咱们一起找找。"

无论被问的人知不知道书在哪里，显然 A 和 F 是比较正常的回答，但是与答案 B、C、D、E 类似的回答，生活中或多或少都会听到吧？相信不用多说，你只要读一读，就会觉得像被迎面泼了一盆冷水一样难受——这是典型的"不好好说话"。

类似这样的语言，与侮辱性的绰号一样，会使人产生负面情绪，令好心情瞬间变得沮丧，失去沟通的欲望。这是非常糟糕的说话方式，我们应尽可能避免这样。有些人可能因为心情不好，语言充满发泄的情绪，而自己并没有意识到，这时你最好能够用合适的方式提醒他，换一种方式沟通。

1

问：听说森林居民要烧毁养鸡场和鸡，阿黄为何如此激动？

2

问：资产一定是看得见、摸得到的吗？

3

问："笨死了""别学了，反正也学不会""没出息"……这类语言有什么问题？

2 解药就在身边

京宝问："阿黄，现在就我们两个，告诉我，你真的吃鸡了吗？"

阿黄急了："当然！不信，我现在再吃给你看！"

"我信……那除了吃鸡，你今天还吃了或接触了别的什么东西吗？"京宝隐隐觉得，如果吃鸡会中毒，而阿黄吃了鸡却没中毒，那会不会……解毒的东西就在他身边呢？

"没有接触什么特别的东西啊，吃的东西……喏，只是早前吃了你做的'仙女丝'啊！"阿黄指指京宝新带来的几支"仙女丝"说道。

"那……"京宝一拍脑门儿，"也就是说，你也中了毒，只是你的毒被'仙女丝'化解了？"

"唔……我也不知道。"阿黄的脑子没那么快，"要不我再吃一只鸡试试看？"

"那倒不用。"京宝放下专程带来的"仙女丝"和给阿黄的饲料退款，一个筋斗翻上了树，"先回去看看扎克就知道了！"

京宝想起扎克失常时，357曾在慌乱中把"仙女丝"当作棉花团塞进扎克口中。说不定，"仙女丝"就是解毒良药？说不定，扎克此时已经好了？京宝一边在树上飞奔，一边祈祷，祈祷"仙女丝"真的有用，这样阿黄和他的鸡就安全了，中毒的森林居民们也有救了！

靠近"鼠来宝"时，京宝已经远远地听见，乌鸦墨墨发出"嘎嘎嘎嘎"的笑声。随后，"鼠来宝"里传来嘴里塞着东西的扎克含混不清的声音："墨……墨，你别光傻笑啊……快……快来救救我！"

扎克的声音令京宝开心极了——扎克恢复正常了！憨厚善良的扎克回来了！京宝迫不及待地冲进"鼠来宝"，扑到扎克身上，给他一个大大的拥抱。

"哎哟！"京宝痛得龇牙咧嘴。他太激动了，居然拥抱了一只刺猬！

扎克嘟嘴道："京宝，你跑到哪里去啦？357呢？你们为什么把我绑起来啊，伤心！"

京宝一边替他解开绳索，一边问："怎么？你什么都不记得了吗？"

扎克摇摇头。

"你刚才中毒了！你说我是'尖嘴猴腮的丑八怪'……"

"还说我是'讨厌鬼'！"墨墨也撇嘴。

扎克吃惊地用爪子捂住嘴巴："我……我说的？"

京宝和墨墨同时点头。

"不过，你并不是有心的，你刚刚中毒了嘛。"京宝替他解围。

扎克用劲儿地拍了拍自己的脑袋："天啊……我还骂谁啦？我……我怎么能说出这样的话！对不起……"

"别怕，没事了！我差不多已经知道用什么解毒了——就是咱们的'仙女丝'。"京宝开心地重新打开机器，"我要多做一点，带到'熊草堂'去，

这样大家就都会好起来了！"

棕熊贝儿的"熊草堂"里，357已经带着在狐狸家领地上找到的怪草给贝儿研究了。这草异常美丽，通体脆绿，有着可爱的心形叶片，嫩黄色的花朵却散发着诡异的香气……

"狐狸们说，只有这个是他们之前没见过的。"357道。

"没错，咱们冰雪森林里没有这种植物，应该是外来的。"贝儿仔细地察看手里的怪草。

狐狸歪歪插嘴说："是不是大雁商旅队带来的，他们飞走以后才长出来？"

春暖花开时，大雁商旅队飞来参加了冰雪森林的春天集市。随后，他们

租用了狐狸家的领地，在那里休息了一段时间之后，才继续向北飞回西伯利亚高原。恐怕怪草的种子，就是夹在货物中被带到冰雪森林，又落在这里的土地上生根发芽的。

贝儿小心地撕开一片叶子，一股寒气散发出来，357不禁打了个寒战。贝儿闻了闻："苦辣，寒凉，恐怕有毒！"

猴蹿天打开从"鼠来宝"带来的新鲜嫩虫，扔了几片叶子进去。虫子们很快就吃光了，顷刻间，又突然乱窜乱扭起来。

——森林居民中毒的源头终于找到了！

"从草到虫，从虫到鸡，再到吃鸡的居民……过了三级，毒性还没有分解！"歪歪有些后怕，这草可就长在他们家周围呀，"我得赶紧回去，发动全家一起除草！"

357问正在翻查资料的贝儿："找到这草的名字了吗？"

贝儿摇摇头："手头资料都找过了，没有。比薄荷还凉，比冰雪还冷，这草还真是诡异。"贝儿把怪草收进玻璃瓶中，准备进一步研究解毒的方法，"咱们暂时叫它'冰薄荷'吧！"

京宝背着一包"仙女丝"，风风火火地冲进"熊草堂"："解毒方法……找……找到了！"

大家迎上去，把京宝围起来："真的吗？太好啦，京宝！"

"虽然不知道是什么原理，可是或许真有用！阿黄和扎克先后吃了我们的'仙女丝'，一个根本没发病，一个已经没事了。贝儿，要不要试试？"

听到扎克好起来了，357高兴地和京宝拥抱。

"事不宜迟！"贝儿同意试一试。

大家七手八脚地把"仙女丝"塞到中毒小伙伴的嘴里，乱哄哄的"熊草堂"里渐渐安静下来……

"好痛……哪个踢了我？"奔奔一个鲤鱼打挺站起来，警惕地环望四周，却发现自己并不在飞行学校，"咦？我这是在哪里？"

先前中招的熊所长、狼威风、"獾乐送"两兄弟也都恢复正常了！

谁能想到，甜蜜蜜的"仙女丝"，居然是"冰薄荷"的克星！虫吃草、鸡吃虫、大伙儿吃鸡，被传染的森林居民，只要吃了"仙女丝"，很快就都

好起来了。这下，阿黄的养鸡场也保住了——在阿黄家买了鸡，就可以到"鼠来宝"免费领取一支"仙女丝"。

"仙女丝"咬在嘴里甜甜的，吃下去心里暖暖的。森林居民们终于不再恶语相向，他们恢复常态，好好说话，相互尊重——这才是大家热爱的冰雪森林啊！

357终于松了一口气。本来他要和熊所长商量成立森林银行的事，被"冰薄荷"这么一闹，耽误了不少时间。好在熊所长已经恢复了健康，他请来金雕爷爷，准备召集森林居民开会。"银行"这么陌生的事物，能得到大家的认可吗？

猴蹿天"破案"过程中用到的思维方法

当森林里一片混乱、大家对"毒源"一点头绪也没有的时候，猴蹿天和357大胆地运用逻辑推理，将目标锁定在鸡身上，并不断求证，终于找到了"毒源"。我们已经知道，帮助猴蹿天解决问题的逻辑推理属于"归纳推理"，虽然它的结论不太可靠，但却很容易验证。我们来完整地回忆一下，猴蹿天是怎么应用归纳推理，并一次次对结果进行验证的。

*收集线索：猴蹿天看到或从357和阿皮口中一共得到三条线索——

→熊所长在中毒之前，恰好在吃鸡；

→奔奔中毒前也吃过鸡；

→奔奔的症状与熊所长非常相似。

*初步推理：猴蹿天通过归纳中毒者之间的共性，得到第一个结论，吃鸡导致中毒。推理结果是否正确呢？现在需要对它进行验证。

*继续收集线索：贝儿提供新线索——

→"熊草堂"里的中毒居民都是食肉动物，只要正常饮食，就少不了吃鸡。

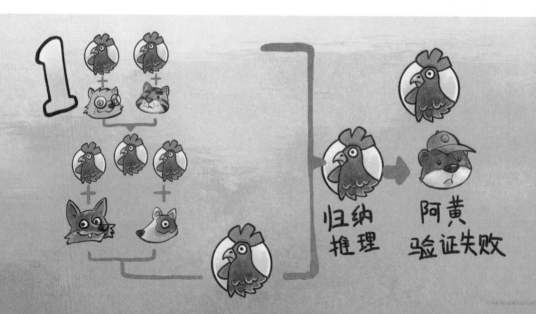

*验证初步推理结论：又是鸡！猴蹿天归纳推理得到的结论通过了考验，如果能得到更多验证，那么结论就是可靠的。

*推理受阻：到了阿黄这里……糟糕，阿黄吃鸡却没有中毒，推理结果被否定了！

*寻找新线索：

→扎克因吃了虫子而中毒；

→鸡也吃了同样的虫子。

*校正推理方向：

看来猴蹿天的推理并没有错，但需要稍稍调整方向，从鸡追溯到虫子。

*开始新一轮的推理和验证：虫子身上的毒又是哪里来的？

现在你明白猴蹿天的"破案"过程了吗？他先用归纳推理给出合理猜测，再代入到客观事实中，一边验证，一边调整，再验证，再调整，直至找出答案。追查到虫子身上，其实猴蹿天的推理已经成功，森林居民中毒事件可以"结案"了。

至于什么导致虫子中毒、如何解毒，那又是另一桩"案件"了。故事中，分别由 357 和京宝找到了答案，并且他们使用的同样是逻辑推理。你能用下面的画图方法，重新梳理一下 357 和京宝的思考过程吗？

1

问：猴蹿天选择"鸡"作为线索是凭感觉吗？

2

问：京宝找到解毒方法依靠的也是"归纳推理"，你能说说他是如何推理的吗？

3

问：京宝通过推理找到的解毒方法可靠吗？如何验证？

3 雪山上的阴谋

人类要弄明白"超声波反射"和"巡航定位"这些高科技，可能得花点功夫。可是在森林里，羽毛还没长齐的小家伙们都知道，那不就是蝙蝠和鸽子的绝技嘛！357 也是来到冰雪森林之后才发现，实验室里研究的"纳米结构防水材料"，其部分灵感就来自鸟儿们的羽毛。至于抗震技术、防震保护装备等，那是在模仿啄木鸟的脑袋呢。猫头鹰就更厉害了，黑暗捕猎、听觉监视、无声飞行……在 357 眼里，他们浑身上下都是"高科技"。

不过"简单"和"复杂"都是相对的。人类世界中随处可见的、连小孩儿都知道的"银行"，可把森林居民们给难坏了！

森林事务所里，357 向森林居民们详细介绍了"银行"的作用和好处，他说得口干舌燥，可大家还是懵懵懂懂，好像都不太相信似的。

什么？把自己的钱放到那个叫"银行"的地方安全吗？和大家的钱放在一起，万一银行不认账怎么办？自己的钱会不会就这么消失了？

什么？还要把钱再借出去给别的居民用，那拿不回来怎么办？

什么？帮我保管财产，还给我钱，有这种好事？不会是骗子吧……

要不是熊所长和金雕爷爷坐镇，恐怕大家早就一哄而散了。

也难怪，就拿聪明的中国人来说吧，从使用贝壳做货币，到建立"钱庄"，足足经历了两千多年。而从古老的钱庄、票号、银号发展到现代银行，又用了几百年。要是京宝没记错的话，冰雪森林从"以物易物"到用上贝壳和金银贝，松果才成熟了几次。与人类世界相比，这个速度的确是快了点，难怪大家一时难以理解。连金雕爷爷这样智慧的长者，也犹豫了很久，才决定支持成立森林银行的。

"大家静一静！"金雕爷爷发话了，"熊所长和我商量过了，成立森林银行是对大家都有益的好事。大家应该养成存钱的习惯，把多余的钱存进银行，既安全，又有利息拿。需要借钱的居民，也不用再东拼西凑，直接向银行贷款就可以啦！我和熊所长愿意带头，把钱存进森林银行。"

熊所长点点头："不仅如此，我们还将用税金建立一个最坚固的金库，

原本保存在山上的税金，也会慢慢运到金库里来保存！大家还有什么不放心的，都可以说出来，咱们一起讨论。"

"连金雕爷爷和熊所长都说没问题，那就是安全的吧！"

"可不，连税金都存在那里呢……"

"反正……相信金雕爷爷和熊所长，准没错！"

尽管有些居民还是不太明白银行到底是个啥东西，成立森林银行的提案最终还是以三分之二的赞成票，通过了。

森林委员会又讨论了几次，最终决定把森林银行建在事务所对面，除了气派的地面建筑，连地下金库也用最坚硬的花岗岩搭建。森林居民们想到自己的钱放在堡垒一样坚固的金库里，更觉得安心了。

没过多久，森林银行的地下金库和地面建筑都已经全部完工。狼威风带着御林军精锐，每天往返于雪山和森林银行之间，把保存在山洞里的税金分批运到金库里。这可比放在山上安全多了！等到他们把山上最后一批税金运到地下金库，森林银行就可以开始营业了！

傍晚时分，居民们从四面八方赶到中心公园，参加森林银行的开业庆典。听说，熊所长请了神秘表演嘉宾，357 还从城市里运来了美丽的烟花。星星亮起来时，只等熊所长一声令下，水獭们就会在冰河上点燃烟花，神秘嘉宾将献上精彩的表演。森林里的小家伙们，还从来没有参加过这样盛大的庆典呢！

太阳刚刚落山，森林中心公园的广场上早已水泄不通。"冰薄荷事件"

之后，大家都盼着聚在一起，好好热闹一番呢！

　　其实，熊所长请来的神秘嘉宾就是阿皮和奔奔。他们的滑翔翼经过阿皮的反复实验和改良，不仅飞行更加平稳，而且能够控制方向。不过双机飞行表演是相当有难度的，阿皮和奔奔不仅提前试飞了好几次，还决定提早上山，观察风速和气流状况。他们俩也在傍晚时分渡过冰河，爬上雪山。只等约定时间一到，乌鸦导航员发出信号，他们就会用"花式翻滚"从天而降。飞到冰河上空时，他们俩将拉开一条彩绸，上面用荧光涂料写着四个大字——"开业大吉"。

　　在上山的路上，阿皮和奔奔发现了一座奇怪的小房子。奔奔跟 357 进

过城，所以他一眼就认出，这是人类搭建的。可是，一般的房子都是搭建在地面之上，而这座小房子，却掘地三尺，大部分都在地面之下，只有小部分山墙和屋顶露在外面。阿皮也很好奇，就大着胆子钻进去查看，发现屋里有许多新鲜的食物。可以肯定，有人住在里面。

奔奔有点担心："咱们森林的税金可就在附近，这些人不会是来挖金子的吧？"

"放心好了！我听说，老金库藏在一道神秘的瀑布后面，除了熊所长和御林军的捕头们，谁都找不着！"

因为这里是御林军运送金银贝的必经之路，奔奔有种不祥的预感，他

在附近谨慎小心地察探着什么。

"可能是来山上避暑的人类吧，咱们快走吧！"阿皮催促道。他心里惦记着为飞行表演做准备。

"阿皮，快来！"奔奔果然又有新发现——一片好端端的白桦树被人类用绳子给系在了一起，一棵连着一棵，似乎是怕它们逃跑。

阿皮也觉得奇怪，不过他没有上前，反而倒退了几步，他决定从另一个视角去观察。他铆足了劲儿，跳到一块高高的石头上面，突然大喊道："奔奔，我不过去，你过来！"

奔奔本能地转身，却一头撞在绳子上。顿时，他觉得两眼发黑，只好使劲儿地抖抖毛，让自己清醒，再小心翼翼地从绳子中间钻出来。奔奔好

不容易跳到阿皮身边——天哪！从高处往下一看才发现，有人用绳索、铁丝、树枝在白桦林里围出了一座"迷宫"。如果被人刻意驱赶进去，很容易迷失方向，撞得眼冒金星，在慌乱之中，只能顺着绳索围起来的路往前跑，而那条路的尽头呢——是一个又大又深的坑！

奔奔和阿皮跑过去，看了一眼就吓得连连后退。

奔奔有点后怕："这么深！我可跳不出来……"

阿皮说："我也是！"

……

奇怪的小屋、神秘的迷宫、幽深的陷阱……这些人绝不是来度假的！可他们的目标又是什么呢？

一点穿越：古人存钱吗？

"银行"对我们来说一点都不陌生，家附近的街道上、繁华商业区林立的高楼中、铺天盖地的广告里，总能见到"银行"两字。实际上，中国第一家真正意义上的银行成立于清代末年。那么，在没有银行的古代，中国人存钱吗？又存在哪里呢？

故事里，经历了一番波折之后，"森林银行"即将要成立了。之所以叫作"森林银行"，是因为 357 在人类世界中学到了"银行"这个词汇，而从它目前的功能来看，还算不上真正意义上的银行，顶多能算古装剧中常出现的银行的原始形态——"钱庄"或"银号"。

人类的生活水平与生产力水平直接相关。今天的我们享受着现代化的美好生活，家里还有许多存款，这都是生产力进步的结果。在古代，虽然中国人有居安思危、未雨绸缪的好习惯，会为应付不时之需在家里存一些钱，不过有钱可存的家庭并不多，所以大多数人没这种"烦恼"。

明朝时期，随着生产力的发展，经济也逐渐发达起来。人们的生活水平明显提高，越来越多的普通家庭开始有了积蓄，商业活动也越来越频繁。跨地区进行买卖交易的商人把大量银钱带在身上，既不方便，也不安全，万一遇上土匪或者山贼，可能连性命都不保。所以能够提供"存取"服务的钱庄、银号、票号、钱店，也就应运而生了。

明清时期，到外地采买货物的商人，可以把钱存在"银号"中，等到了目的地，再从当地同一家银号的"分号"取钱付款。而普通人没有太多携带大量现金出行的需要，所以把钱藏在家里依然是最常见的做法。

总之，始于明代的各种"原始银行"，主要作用就是支持商业活动。普通人就算有钱可存，不仅没有利息，恐怕还得交纳"保管费"呢！

1

问：357 提议成立银行，为什么要请熊所长和金雕爷爷出面？

2

问：银行主要靠什么吸引大家存款呢？

3

问：从金雕爷爷的分析来看，银行除了可以帮我们保管钱，还有什么作用？

4 勇斗偷猎者

阿皮和奔奔在山上发现人类设下的陷阱时，森林里等待庆典开始的居民们还毫不知情。他们聚在森林中心公园，兴奋地摆弄着新玩意儿——存折。森林银行给每一位来存款的居民都建立了一个独立的"账户"，而存折上记录的正是账户的信息，包括存取款的时间和金额。听说存的钱越多、时间越长，

获得的"利息"也越多。森林银行帮大家管钱，还付"利息"，这种好事当然不能错过。每一位森林居民都抱着极大的热情，开开心心地把积蓄存进森林银行。

每一位森林居民都开心得像过节，只有熊所长一脸的担心。按照约定，御林军的狼捕头狼威风应该已经带着最后一批税金下山了。可是，夜幕已经降临，狼捕头却还是不见踪影。

眼见星星一颗颗点亮，庆典还没有开始，合唱团的鸟儿、冰河上准备放烟火的水獭以及其他等待的居民们躁动不安起来。

可是熊所长说，必须等狼威风带着最后一批税金回来，庆典才能开始。万事俱备，只欠"威风"。

突然，山上传来"嘭"的一声巨响。紧接着，一朵朵明亮的烟花在冰河上空炸开。碧绿、明黄、深红、浅粉……烟花如春天的花朵般在夜空中绽放，林地里一片欢呼和叫好，合唱团也开始唱歌了。

"快看！"不知谁叫了一声。大家不约而同地抬头，只见乘着巨大滑翔翼的阿皮从天而降，他飞得又快又稳，精确地降落在地面的红圈圈里。森林居民们发出阵阵喝彩！

可是，熊所长的眉头却皱得更紧了，因为那"嘭"的一声响，根本不是他发出的信号。

"不好，出事了！"熊所长向阿皮径直冲去。

还没等熊所长问话，阿皮先喊道："熊所长，不好啦！我和奔奔在山上发现了一个陷阱，可能是人类要围捕御林军！奔奔已经去找狼捕头了，我飞下来报信，请求支援！"阿皮一口气说完，累得趴在地上直喘粗气。

根据熊所长的判断，刚刚那"嘭"的一声响应该是枪声。冰河上的水獭们误以为那就是庆典开始的信号，于是烟花提前炸开了。

为了不引起大家的恐慌，熊所长悄悄把离他不远的"森林三侠"和猴蹿

天拉到阿皮的降落地点，商量对策。面对这样的紧急事件，熊所长居然叫猴蹿天一起商量，足见经过"冰薄荷事件"，猴蹿天已经获得了大家的信任。

熊所长认为，奔奔、狼威风和同行御林军都可能遇险，必须立刻上山营救。

猴蹿天拦住他道："别急！既然人类带着枪，恐怕熊大人您也不是他们的对手。冲动说不定会让大家陷入危险，咱们不如花一点时间，分析一下形势，再定个行动计划。"猴蹿天说得有理，俗话说"磨刀不误砍柴功"。

"同意！既然奔奔已经去找狼捕头，只要他们遇上，肯定能绕开陷阱……"357说道。

果然，357话音未落，树上的京宝就看见御林军大部队回来了。所幸他们身上的包袱完好无损，似乎并没有遭到围捕。

　　熊所长询问后才知道，原来御林军连续好几天在雪山和林地之间往返，引起了偷猎者的注意。在偷猎者眼中，御林军就等于昂贵的"皮草"，更别说"皮草"身上还背着一袋袋黄金。他们原本想顺藤摸瓜，找到金矿或者金库的位置，大赚一票，可是跟踪了几天，就是找不到金子是从哪儿运出来的。于是，偷猎者干脆设下陷阱，打算把整支御林军一网打尽！

幸好奔奔和阿皮无意中发现了偷猎者的小屋和陷阱。可情况紧急，跑下山搬救兵是来不及了，奔奔灵机一动，让阿皮按原计划飞回林地报信（这可比跑下山快多了），他自己则先用尖牙利爪破坏树林里的"迷宫"，然后拼了命地四处寻找御林军。奔奔运气不错，他在一道瀑布附近和狼威风撞了个正着！虽然御林军大部队绕了不少路，耽误了一点时间，可他们总算成功绕开了人类的陷阱，将最后一批税金完好无损地带回了森林银行。

原来，听到"偷猎"两个字，357突然想起，乌鸦墨墨说她曾见过人类带着大狼狗出现在河对岸。起初，357还以为他们就是偷猎者，可是墨墨说他们穿着夜空色的制服，上面还绣着标志——那可不是普通的人和普通的狗，而是森林公安和警犬！要整治偷猎者，还有谁比森林公安更厉害呢？说不定，森林公安就是发现了偷猎者的踪迹，才带着森林警犬来到冰雪森林的。357把这些话说出来后，大家才稍稍觉得安心。

　　"哎呀，你怎么不早说呢！"猴蹿天突然抓耳挠腮地焦虑起来，"就算

找到了森林公安，一只松鼠、一只乌鸦，怎么跟人交流啊？应该派我去啊！"

猴蹿天上蹿下跳，不停地用手比画，好像他的"猴言猴语"能跟人类交流似的。

"真是'猴急'！"扎克憨憨地笑道，"咱们跟人没法交流，跟狗还不行吗？"

对啊，森林公安是带着警犬来的。警犬可都是训练有素的"正规军"，他们一定知道该如何向公安说明情况。

此时，墨墨背着京宝盘旋在森林上空，他们很快就发现了警车。

"冲！"京宝一声吼，墨墨像一道黑色的闪电，飞向闪烁的警灯。

一点穿越：存折——不算太古老的"老古董"

得到爸爸妈妈的允许，你可以看到爸爸妈妈的钱包里面，除了现金，还有一张张小卡片，上面写着"XX银行"。如果把这些小卡片插入银行的ATM机（自动存取款机），不仅能够看到个人账户信息，还能直接用它办理存款、取款、转账等业务。在手机和电脑上，输入卡片上的号码和密码，也能够进行相应的业务办理。这些银行卡片可能是我们生活中最常见也必不可少的物品之一。但其实从银行卡出现，到今天这样被广泛使用，不过几十年。

在银行卡大规模普及之前，银行记录存取款账户交易使用的是一种纸质的薄本，比护照稍微窄一些，叫作"存折"。无论存款或者取款，都会在这个小本子上显示得清清楚楚，它是个人账户的凭证。

如今，绝大多数银行为客户开立账户时，都使用卡片代替存折。原因是卡片更加方便，可以直接在ATM机上存取款或者刷卡购物。而以前常用的存折，是没法直接买东西的，必须得先把钱从银行取出来。

新事物代替旧事物，一般都是因为更加便利。如今，依然有些老年人习惯使用存折，但是年轻人中已经不太常见了。

银行里面真的会有一个神秘的大金库吗？

故事里的"森林银行"建成之后，原本藏在雪山上的税金就可以运回坚固的地下金库里保存了。现实中的银行里，也有金库吗？金库里真的藏满了黄金，真的密不透风吗？

顾名思义，金库就是保管金钱等贵重物品的仓库。日常生活中，无论是气派的银行总行，还是规模小一点的分支行，每天都有大量的现金进出。所以无论大小，每家银行都有金库。金库的确非常安全，不仅外人休想进去，就连银行内部人员，也不是任何人都能随便进出的。

至于我们想象中那种装满金光灿灿黄金砖的真"金库"，一般都是国家金库。黄金是用于储备，而不是用来日常结算的。除了黄金、白银，金库里还有人民币、外币现钞和其他贵重物品，以及各种凭证和单据等。

银行金库无论大小，一定足够安全。电影和动画片里，坏人通过挖地道的方式进入银行金库盗窃的情景，现实中几乎不可能。我们存在银行的现金不仅在金库里很安全，在银行之间运送时也很安全。我们在路上见到的银行"押运"车辆，就是在总行和各分支机构之间往来，负责运送现金和其他贵重物品的。

所以，假如你的钱存在银行里，完全没必要担心会被"超级大盗"偷走。

问：小朋友们也可以把钱存在银行吗？

问：把钱存在银行有什么好处呢？放在家里不行吗？

问：银行的金库里真的有黄金吗？

5 森林银行开业啦

乌鸦墨墨终于可以近距离欣赏"比狼威风还要威风"的大英雄了！京宝干脆利落地向警犬少校和上校说明了情况。他们两个果然训练有素，即刻引领着森林公安向山上冲去。

山上树林密集，墨墨和京宝也不飞了，他们俩趴在少校和上校的背上，很快就循着气味找到了陷阱。

令森林公安们吃惊的是，当他们赶到时，只见一群帅狼、一头猛虎，威风凛凛地围在陷阱边上。那两个偷猎者呢？早被他们赶到陷阱里去了！

　　这两个偷猎者，一个矮胖，一个瘦高，原本是来查看陷阱的，可是他们还没靠近，就被听觉灵敏的狼威风提前发现了。狼威风故意在陷阱边留下些"痕迹"，随后带领奔奔和御林军潜伏在不远处的树林里。偷猎者果然好奇地跑到陷阱附近查看，于是趁他们不备，狼威风和奔奔悄无声息地走到他们身后，一个前扑，就把两人推到陷阱里去了！矮胖的偷猎者在慌乱中掉落了枪，瘦高的家伙在惊恐中打光了子弹。这下可好了，陷阱外面围着猛虎群狼，他们

根本不敢爬上来。这两个坏家伙怎么也没想到，自己挖出的陷阱居然把自己给困住了，本来想要偷猎的，现在自己反而成了猎物！森林公安一到，偷猎者只能乖乖地束手就擒，被戴上了手铐。

　　乌鸦墨墨还趴在警犬少校的背上不肯离去，两位警犬兄弟却对奔奔和狼威风他们钦佩有加，特别是奔奔奇怪的"飞行员"装束，警犬们觉得十分新鲜。

　　"真讨厌！我们森林银行的开业庆典被他们给毁了，我和小伙伴的超级飞行秀也没表演成！"奔奔拎着写着"开业大吉"的荧光彩绸，跟警犬们抱怨着。

　　京宝忽然想到了一个好主意，他趴在警犬上校的耳朵边说了些什么。上

校点点头，叼起彩绸送到森林公安手中。

税金安全运到森林银行的地下金库，狼威风、奔奔、京宝和墨墨也安全地回到了庆典上。熊所长终于松了一口气。

京宝提议道："熊所长，357说烟花还剩下不少，咱们能不能再放一回？"

扎克帮腔："是啊！奔奔和狼捕头立了大功，可他们还没看到烟花秀呢！"

熊所长点点头："大家都辛苦了！好，那就再来一场！"

熊所长让大家面对雪山和冰河的方向坐好，"嘭"的一声，拉响了真正的信号弹。

冰河上的水獭们闻声再次点燃烟花，森林里又是一片欢呼。这一批烟花似乎比刚才的还要明亮，白桦林的白树干、绿树叶都被照得清晰可见。

"大家快看！""森林三侠"齐声呼唤，所有森林居民的视线都集中于他们所指的方向。

雪山上，白桦林间，森林居民们隐隐约约看到山坡上出现了"开业大吉"四个荧光大字。这四个字可太有意思了，好像喝醉了似的，忽隐忽现、跌跌撞撞、歪歪扭扭，"走"到冰河岸边才终于稳下来。

此时，警灯亮了起来。森林居民们这才看清楚，原来那是两个人！两位警犬兄弟请森林公安把荧光彩绸系在偷猎者的身上，感谢森林居民们协助破案，也帮森林银行的开业庆典画上一个完美的句号。

森林居民们并不知道，在他们欣赏第一场烟花的同时，奔奔和狼威风带领的御林军小分队正在与偷猎者斗智斗勇。他们还以为眼前的这一切都是事先安排好的。

"精彩！"不知谁喊了一句。接着噼里啪啦的掌声响起，开业庆典在一片欢腾中圆满结束！

森林银行正式开业后，狐狸家申请到了第一笔贷款。驯鹿建筑队干劲儿十足，很快就把游乐场建好了。歪歪来到"鼠来宝"订购游乐场里售卖的零食——这回，他可是带着订金来的！

"站住！又乱花钱，学会理财了吗？"树上传来低沉的问话声。

这个声音可把歪歪吓了一跳。他抬头一看，原来是乌鸦墨墨。她居然穿着一身深蓝色的制服，戴着警帽——除了没有徽章，简直跟森林警犬的打扮一模一样。

"吓死我了！"歪歪拍拍胸脯，"当然！现在我们家每一笔收入和支出都要记账，贷款可是要连本带息还回去的……咦？"歪歪突然反应过来，他为什么要向墨墨汇报呢？

他刚要生气，"嘎嘎，嘎嘎——"墨墨大笑两声，拍拍翅膀飞走了。

墨墨跟歪歪开了个玩笑，而狐狸们终于开始学着认真理财。从森林银行

里拿到的每一分"贷款"，他们都用在了游乐场的建设上。而狐狸家的其他收入支出，也都被歪歪仔细地记录下来，除了生活必需品，他们再不胡乱消费了。

"了不起！"京宝一边记录游乐场的订单，一边夸赞道，"听说你们贷款还得很准时，是森林银行的'优质客户'呢！"

狐狸们也算吃一堑长一智。这一次，游乐场价格公道，服务热情，生意十分红火。月亮圆了没几次，他们不仅没有少交一分钱税金，还贷款也很准时。他们现在既是冰雪森林的"纳税模范"，又是森林银行的"优质客户"。

作为食品供货商，游乐场的生意好，"鼠来宝"也沾光。扎克卷了一支超大号"仙女丝"，向歪歪表示感谢。

"不不，我最近在存钱，想买一个滑板，所以，不吃零食了……"歪歪害羞地搓着爪子，口水却不受控制地流出来。

扎克笑道："吃吧，歪歪，送你的！现在你怎么变得这么精打细算了？"

"是猴大侠……哦，不！猴经理教的。他建议我们不管赚多少钱，至少把收入的三分之一存起来。他说，这不光是钱的问题，关键是'自律'。每个月的收入，还掉森林银行的贷款，再存三分之一，剩下的就不多了，所以我把零食给省了。"虽然手头紧，可是歪歪的精神面貌和从前不一样了。有了目标，学会了自律，狐狸们仿佛突然有了精气神儿，再也不缩头缩脑了。

京宝说："日久见猴心，猴蹿天还真是不错！"

357哈哈大笑道："我看他是怕狐狸们胡乱消费，拖欠还贷，那他这个总经理可就不好做了！"

没错，猴蹿天不仅正式留在了冰雪森林，还被熊所长任命为森林银行的总经理。猴蹿天也的确有些本事，银行事务如此繁杂，他不仅打理得井井有条，还不断地拓展新业务，森林银行的客户越来越多了。

这天，猴蹿天总经理早早地就站在森林银行门口，他在等待一位非常非常重要的大客户——警犬少校。这还要感谢乌鸦墨墨，经过她坚持不懈的游说，警犬少校终于决定把收入存进森林银行。根据墨墨的情报，像少校这样立过功的警犬，收入可是"特别特别地高"。猴蹿天别提多开心了！

穿着深蓝制服的墨墨终于带着警犬少校出现了。少校不仅按约定来了，还扛着一只巨大的箱子。

猴蹿天立即双眼放光。

森林银行的员工们，用最高礼宾待遇迎接少校的到来。

"大家都想来存钱，可他们有任务要执行。所以派我做代表，把大家的工资和奖金都存进你们森林银行！"少校说话的样子好酷，墨墨眼睛里闪着崇拜的星星。

整个警犬队的收入啊！猴蹿天太激动了，真是超级大大大客户！

少校"啪"的一声把箱子打开——狗零食、狗玩具、磨牙棒；勋章、奖杯……警犬们的"工资"可太奇怪了！

这下，该轮到森林银行的员工们集体傻眼了！

怎么办？

哈哈！这个难题，只能留给猴蹿天猴经理去解决啦！

我们为什么愿意把钱存进银行呢？
我们可以相信银行吗？

把钱存到银行里，这似乎是一件很平常的事。但难道就没有人担心过，银行会赖账吗？

实际上，有些银行也会像一般企业一样，因经营不善而破产，所以当然有可能赖账！这就是为什么人们会把钱存入"中国银行""交通银行""农业银行""建设银行"等历史悠久、资金雄厚的大银行。

那么，知名大银行为什么值得信任呢？因为"历史悠久、资金雄厚"吗？没错！真的是这样——这代表这家银行经受住了时间的考验，能够抵抗更多风险，在不同的环境里维持经营并为客户提供优质服务。这种长期的信任度和广泛的知名度，就叫作银行的"信誉"。

357想要在冰雪森林成立银行，在既没有悠久历史，也没有雄厚资金的条件下，"信誉"该从哪儿来呢？聪明的357请德高望重的熊所长和金雕爷爷出面并带头存款，使新银行获得信任度和知名度，建立起"信誉"。在真实的历史中，由中国人创办的第一家现代银行——中国通商银行成立时，也是借由政府官员和实业家的投资来获得"信誉"的。

357 为什么提议成立"森林银行"? 银行在社会中的角色是什么?

故事讲完了,现在思考一下,357 为什么排除万难也要提议成立"森林银行"? 这对冰雪森林来说意味着什么呢?

森林里有许多像狐狸家一样,想要做点小生意却凑不够钱的居民。为了凑足资金,他们只能东拼西凑,或者向猴蹿天这样的"财主"借钱,不仅麻烦,说不定还得付很高的利息(比如猴蹿天就放过高利贷)。可是森林银行成立之后,一切都会不一样——森林居民们把暂时不用的零钱存进银行,那么像狐狸家这样需要资金的居民就不需要东奔西跑了,只要符合条件,直接跟银行借就可以了。银行把钱借给狐狸家,自然也要收"使用费"(利息),但它作为森林事务所批准成立的正规银行,肯定不会像猴蹿天那样漫天要价。银行收取的贷款利息,只要比给居民的存款利息高一些就可以了。这样,不仅存款的居民有利息拿,银行也能获得日常经营所需要的资金。

现实世界中的银行也是这样运作的。家家户户几乎都会在银行存款,但这些钱可不会躺在银行里面睡觉,而是会被银行借给有需要的人——普通人买房子、买车子,企业扩大经营、进行投资活动等等,其实用的就是来自千家万户的存款。假如我们的世界中没有银行,那么大企业动辄上亿的资金要从哪里借呢?

现在,你明白银行在经济中扮演的角色了吗? 没错,它在广大居民和企业之间架起一座输送管道,经济学上称为"金融中介机构",它同时为个人和企业提供服务。因为有了银行这类"中介机构",分散在各处躺着"睡觉"的闲置资金被集中起来,并输送到实体经济中。钱就这样"活动"了起来,并创造出更多的价值。

假如你在银行已经有了自己的账户,而且有储蓄的好习惯,你的钱或许已经被投入到一座新工厂的建设中,也可能被用来开垦了一片新农田,还说不定为某种新技术的诞生贡献了力量……我们作为普通人,就这样通过一个小小的银行账户,与广阔的经济世界连接起来了!

1

问：把钱存进银行，银行会不会赖账？

2

问：警犬少校带来的收入可以存入森林银行吗？

3

问：回顾"资产"的定义，想一想人们存进银行的钱和银行借出去的钱，哪一类是银行的资产？

小词典

推 理

全称"逻辑推理"，指根据逻辑关系得出结论的思维过程。

归纳推理

逻辑推理的一种形式，由"特殊"推导出"一般"，结论需要反复验证才可信。

资 产

能在长时间内给企业或个人带来经济利益(收入)的资源。

钱 庄

与银号、票号等类似，是银行的原始形态。中国历史上最早出现于明代，主要为商业活动提供服务。

存 折

银行卡普及以前，存款人使用的一种纸质薄本，记录着账户交易信息。

银行账户

客户在银行的"户口"，详细记录着存款、贷款、转账等信息。

银行金库

保管现金、票据及金银等贵重物品的仓库，几乎是铜墙铁壁，非常安全。

银行信誉

代表知名度和可信度，是银行获得客户信任的保证。

构建属于你自己的"资产"

属于企业或个人、能在未来很长一段时间里创造经济利益（收入）的资源，叫作资产。按照这个定义，一家企业的资产可以是机器、厂房、技术、品牌、员工，一家银行的资产可以是投资和已经发放的贷款，一个家庭的资产可以有房产、存款、股票、基金等等。那我们自己，有没有可以视为"资产"的东西呢？

我们已经知道，资产可以分为"有形"和"无形"两类，有形资产是看得见、摸得到的，而无形资产虽然没有实际的形态，它产生收益的能力却不见得比"有形"的差。只要你愿意，你不但可以而且应该构建属于自己的资产，所以现在就开始吧！

先说说有形资产：对大部分小朋友来说，最容易接触到的东西是——钱。零花钱、压岁钱无论以现金还是电子货币的形式，只要家长允许你自由支配，它就属于你。但如果你把它揣在兜里、放在储蓄罐里，说不定很快就花掉了。而一旦你把它存进银行账户中，由于它会产生"利息"收益，就可以算作是你的资产了。因为你的零花钱可能不会很多，所以利息也少得可怜，但这并不影响它成为"资产"的事实。总有一天，你会有自己的工作和收入，那个时候，你积累的现金资产越多，产生

收益的可能性也就越大。在以后的故事中，我们会讨论让资产增值的各种方法。

那么无形资产呢？对现在的你来说，无形资产的获得和积累不仅比有形资产容易，而且更加重要。它们是有用的知识和技能，是你健康而日益强壮的身体，是你越来越聪明的头脑，是你积极向上的精神和意志……它们都将在一生中，持续为你创造价值，这些难道不是你最宝贵的"无形资产"吗？

资产有一个很好的特点，那就是可以持续积累。你越早发现自己的资产，越早开始积累，也就能收获到更多。那该怎样做呢？首先，你要有"资产"的意识，明白自己拥有的东西，哪些可以视为资产。其次，养成存钱的习惯，现在就开始。当你有了储蓄的决心，消费时你就会衡量一下轻重缓急，或思考是否有必要，这是克制冲动消费的好方法。

最后，别忘了你的"无形资产"！学校是获得无形资产的好地方，读书和学习是积累无形资产的最佳途径。爸爸妈妈督促你学习各种知识和技能，其实也是为了同样目的。

建立自己的"资产"意识，并且持续地积累下去，你一定会有收获的！

图书在版编目（CIP）数据

我的财商小课堂. 森林银行开业啦 / 龚思铭著；肖叶主编；郑洪杰, 于
春华绘. -- 北京：天天出版社, 2021.7

（森林商学园）

ISBN 978-7-5016-1723-4

Ⅰ. ①我… Ⅱ. ①龚… ②肖… ③郑… ④于… Ⅲ. ①财务管理—少儿
读物 Ⅳ. ①TS976.15-49

中国版本图书馆CIP数据核字(2021)第104567号

森林商学园

我的财商小课堂

小课堂

钱都去哪儿了

肖叶 主编 龚思铭 著

郑洪杰 于春华 绘

人民文学出版社 天天出版社

目 录

1 钱都去哪儿了

　　一场春雨融化了森林里最后的冰雪，泥土的清香缓缓升腾起来，唤醒了树上的百灵。百灵的歌声又带起杜鹃和其他鸟儿们，于是独唱变成重唱，重唱又变成大合唱。突然，"嘎——"的一声，乌鸦也加入进来。

　　百灵和杜鹃们显然不喜欢乌鸦乱"插嘴"，拍拍翅膀飞走了。乌鸦却毫不在意，闭着眼睛继续自我陶醉，深情地歌颂春天。嘎嘎嘎嘎——她把整个冰雪森林都吵醒了。

357 伸个懒腰，打开"鼠来宝"的大门，发现狐狸歪歪早就蹲在店门口了。

"快进来，歪歪，你需要点什么？"357 招呼道。

狐狸歪歪欲言又止，缩头缩脑地走进"鼠来宝"。

357 又问了一遍："歪歪，你需要什么？我来帮你拿。"

"需要……需要……"歪歪低着头，不停地搓着爪子，终于，他鼓起勇气大声说，"需要钱！"

357 被歪歪这话吓了一跳。偷盗事件之后，森林事务所已经把领地还给狐狸家了。森林大道南端的 3 号土地虽然有些偏远，可是紧邻冰河下游一段，水草丰美，树木繁盛。北归的大雁商旅队就栖息在那里，光租金就是一笔相当可观的收入，狐狸们怎么转眼又没钱了呢？

357耐心地问道："歪歪，你说清楚一点，是你自己需要钱，还是你家里又没钱了？"

"唔唔……也不是一点钱也没有。"歪歪挠了挠脑袋，不好意思地说，"是我们想把游乐场重新经营起来，没想到，驯鹿建筑队要求我们先付款才行，这样一来，钱就不够用了……"

357偷偷笑了。这有什么"没想到"的呢？狐狸们第一次建造游乐场时，驯鹿建筑队差点就白出力气。如果换作别家，驯鹿建筑队或许能同意先干活、后付款。可是，考虑到狐狸一家糟糕的消费习惯，建筑队要求先付款，简直再正常不过了，建筑队员们也是要吃饭的呀！

357问："你们平时都没有存钱吗？"

歪歪显然不懂："嗯？存什么？"

"森林公园、森林大道工程，你们不是都参加了吗？加上领地上的租金、卖松果和蘑菇的收入……算起来，你们家的收入不少啊，都花掉了？"

"嗯？难道钱不是用来花掉的吗？"歪歪伸长了脖子，两只爪子搭在柜台上。

原来如此！从"一夜暴富"到追赶"芭芭拉风潮"，狐狸们的消费习惯还真是始终如一：有多少，花多少，根本没有"存钱"这个意识。难怪要用钱的时候什么也拿不出来！

歪歪看357不回话，继续追问："357，你的钱难道不花掉吗？"

357觉得歪歪矛盾得有些可爱："歪歪，如果你觉得我都花掉了，怎么还来跟我借钱呢？"

"嘿？不……不是……我没有跟你借钱，我是想请你帮我看看，猴蹿天的这份合同有没有问题。如果又是上次那种高利贷，那我们就不借了。"歪歪拿出一张树皮纸递给357，"不仅是我们家缺钱，我去找猴蹿天的时候，他那里可热闹了！"

357想起猴蹿天第一次出现在"消暑晚宴"时的情景了。那时候，他刚刚来到冰雪森林，唯一的行李就是一大袋金银贝。357一直不明白，他一个居无定所的猴子，哪里来的那么多钱。现在看来，所谓"行走江湖"，应该

是在南方的森林里到处放高利贷吧!

"嗨,大家早,这么早就有客人啦!"松鼠京宝从树上跳下来,愉快地跟伙伴们打招呼,"咦,那是墨墨吧……她在那里做什么呢?"

357顺着京宝的视线望去,才发现真是乌鸦墨墨站在露台上。她两眼空空,一动不动,如同雕像一般。难怪357和歪歪刚才都没注意到她。

"我也在思考同样的问题……"墨墨面无表情。她是一只聪明调皮的乌鸦,唯一的问题是间歇性健忘,她大概忘记自己来买什么了。

"那先别思考了!"京宝突然兴奋起来,"先一起来尝尝'鼠来宝'的新甜品!"京宝把几勺白色粉末倒进一台碗状机器中央的小孔,轰隆隆,机器运转起来。有趣的事情出现了——机器中心开始慢慢吐出细细的丝线,一圈一圈,围绕着机器的四壁越积越多。京宝用一根树枝在"大碗"里来回搅动,一会儿工夫,树枝上就结出了一朵"白云"。

歪歪惊叫道："哎呀，京宝，你是不是在里面养了一只大蜘蛛？"

京宝把"白云"举在歪歪眼前晃了晃："那你敢不敢尝尝'蜘蛛丝'？"

"蜘蛛我都敢吃，蜘蛛丝怕什么！"歪歪闭起眼睛咬了一口，"唔……好甜！"

"蜘蛛丝"居然是甜的！歪歪感觉心都暖了起来："这东西叫什么，太好吃了！我得买回去给大家都尝尝！"

　　"扎克叫它仙女丝。"京宝笑着答道。他不由想起扎克从冬眠中醒来之后，他们三个研究了一整夜，终于把这台从城里淘来的旧机器玩转的情景。"鼠来宝"又添新零食啦！

　　357听到歪歪这样说，大吃一惊："喂喂，还买？你们不是已经没钱了吗？"

　　歪歪越吃越开心："把猴蹿天这份合同签了，不就有钱了吗？我一会儿就回来买！"

357哭笑不得，借来的钱是要还的呀！世界上好吃的、好玩的东西多了，但不是样样都不能错过。像狐狸们这样完全没有计划地消费，不管收入有多高，总有不够花的时候。

357提醒歪歪："歪歪，你还记得跟猴蹿天借钱是做什么吗？"

"嗯……哎呀，是要开游乐场！"

357和京宝对视一眼："对呀！如果你用借来的钱买零食、买玩具，游乐场还开不开了？"

"瞧我这脑子！"歪歪拍着脑袋，"我说钱怎么总是不够用！"

"这钱先不要借了。"357把合同收起来，"跟我去森林事务所走一趟。"

歪歪以为自己又犯了什么错，吓得拔腿就要逃。

357叫住他："你别紧张，我只是请你同我一起去找熊所长商量些事情。既然那么多森林居民需要借钱，咱们得想想办法，不然早晚有一天，大半个森林都归猴蹿天了。"

357的担心不是没有道理，可就算"鼠来宝"，也没法一下子拿出猴蹿天那么多闲钱借给大家。要想阻止森林居民们继续抵押领地向猴蹿天借钱，必须集合大家的力量。357能想出对抗猴蹿天的办法吗？森林里还有谁比猴蹿天更有钱呢？

什么是收入？我们可以获得"收入"吗？

一个人在一段时期内获得的经济利益称为收入，可以简单理解为新得到的钱，比如爸爸妈妈每月的工资、储蓄利息、投资理财收益、生意的盈利、房屋的租金等等。一般来说，想要获得收入，首先要付出劳动（上班工作）、提供产品和服务（卖东西）或者承担风险（投资可能亏损）——"天下没有免费的午餐"就是这个道理了。

如果你有零花钱，也可以把它视为一种收入。逢年过节得到一笔"压岁钱"，那更是一大笔收入了！不过，与爸爸妈妈的工资相比，你的收入更像"天上掉馅饼"，因为你并未付出劳动或者承担风险。尽管如此，你还是应该认真对待它，最好做个计划，比如立刻开始储蓄，毕竟——天上不会一直掉馅饼。

　　还记得吗？狐狸们第一次靠游乐场发财时，把大部分收入都花在珠宝、帽子、包包这些东西上了，我们称狐狸们的这种消费为"炫耀性消费"，它属于消费中可有可无的部分。而在食物上的消费就不太一样了，不吃东西他们会饿死，所以这属于"必需品消费"。零食虽然不吃也没关系，可是偶尔有一点，能让人获得快乐和满足，和我们看电影、旅行一样，可以视为"享受型消费"。

　　那么建游乐场呢？建造游乐场虽然要花很多钱，可是，它能给狐狸家带来更多的收入。严格来说，把钱投入到能够在未来很长一段时间里产生稳定回报的地方，叫作"投资"。狐狸们建游乐场，看似在花钱"消费"，实际上则是"投资"。你看，同样是"把钱花出去"，怎样花、花到哪里去，不仅大有讲究，结果也千差万别呢！

　　想一想，你家的收入是从哪里来的？消费又属于哪一类？有没有进行投资呢？

1

问: 狐狸家总缺钱, 是因为收入太少吗?

2

问: 建造游乐场要花很多钱, 狐狸们是乱消费、乱花钱吗?

3

问: 全家去旅行属于哪种消费?

2 大闸飞行学校

357 带着歪歪离开后，乌鸦墨墨依然站在"鼠来宝"的露台上沉思。京宝也请她品尝了"仙女丝"。

刚尝了一口，墨墨的眼睛就开始放光："好甜哦，心里暖暖的。"

"那你想起来了吗，要买什么？"

"没有……刚才差一点就想起来了，可是一吃又忘了……"

"没关系，那你慢慢吃，慢慢想，想起来再叫我。" 见墨墨又苦恼起来，京宝赶紧说。

另一边，357 和歪歪才走了没多远，就见兔子霹雳哭着跑过，差点把 357 撞倒。357 叫他，他也不回头，一头扎进地洞里去了。

歪歪很好奇，趴在洞口喊霹雳，霹雳甩出一块"暂停营业"的木牌。歪歪刚想再喊，霹雳又甩出一块"请勿打扰"。

歪歪趴在霹雳裁缝铺的门口，竖着耳朵听里面的动静。357 却拉住歪歪："看来他的心情真的很糟糕，这个时候最好不要吵他，让他自己安静一下吧！"当朋友伤心难过的时候，不去打扰也是一种礼貌。

歪歪点点头。

可才走了没几步，他们俩又看见猫头鹰捕头牵着小猫头鹰气呼呼地走过。猫头鹰捕头的翅膀架得老高，脚步踩得很深，每走一步都尘土飞扬，似乎在拿脚下的土撒气。小猫头鹰也哭哭啼啼："呜呜……我再也不去上学了……"

听到"上学"两个字，357 这才想起来，今天是飞行学校开学的日子。冰雪森林里的小小鸟在独立飞行之前，都会在飞行学校接受训练，学习必要的知识。比如，怎样通过观测云彩判断空气流动情况，根据空气温度和湿度预测天气，如何利用风向和风速使飞行更安全省力，怎样躲避人类的各种捕鸟装置等等。

许多看似容易的事，背后往往是艰难的学习、枯燥而重复的训练，以及长期的经验积累。飞行就是如此。也许你觉得那不过是扑扇两下翅膀，其实

需要学的东西可多着呢！学艺不精的鸟儿，常常飞到极其危险的地方，要么在城市的玻璃幕墙上撞晕，要么中了人类设下的圈套，在笼子里或餐桌上结束自己的一生……像猫头鹰捕头这样的飞行高手，自然明白飞行学校里教的知识有多么重要，可是，是什么把他气着了，宁可把小猫头鹰带回家也不去上学了呢？

357 和歪歪正在纳闷，蓝猫芭芭拉一溜烟儿似的从他俩中间穿过。

"还磨蹭什么哪？再不去可就来不及啦！"芭芭拉笑嘻嘻地一路狂奔。

在冰雪森林定居的这段日子，芭芭拉的毛总算长齐了。脱掉那些奇装异服的

她，看起来漂亮了许多。

357和歪歪一愣，快速追上芭芭拉，问道："出什么事了？"

"吵架了，吵架了！马上就要打起来了！再晚可就瞧不见了！"自从芭芭拉决定留下来，她倒是觉得森林里什么都好，就是少了点乐子，不如城里热闹。所以，森林里哪怕出一点芝麻绿豆大的新闻，她也会第一时间冲到现场。听说飞行学校里出事了，芭芭拉居然直接从"狸猫记"飞奔过来凑热闹。

果然，飞行学校没有如期开课。357和歪歪赶到时，正好看见一大群鸟儿站在树梢上，把老虎奔奔和狍子阿皮围在中间。

　　大家吃惊地望着奔奔，这还是冰雪森林里那只最快乐友善的小老虎吗？早上来到飞行学校的时候还好好的，跟同学们相互问候，他怎么突然说出这样的话？

　　"太过分了！你太没礼貌了！"芭芭拉挺身而出，大家以为她要为阿皮打抱不平，谁知道她竟一本正经地说道，"阿皮他明明是驴！作为一头驴，他已经不算丑了，更何况他的屁股上还长着一颗爱心！他是我见过的，最特别的驴！"

　　一听这话，大家都忍不住笑了。可能因为芭芭拉以前

在城里从没见过狍子，所以她认定阿皮就是驴。

　　阿皮倒不介意，反正他也从来没见过驴。

　　"哼，你这只没人要的流浪猫，哪儿来的回哪儿去！"奔奔看都不看一

眼芭芭拉，"流浪汉——乌眼鸡——过街老鼠——臭狐狸……哈哈哈！"奔

奔给在场的森林居民都逐一起了绰号，连刚刚挤进来的 357 和歪歪也没能

幸免。

歪歪委屈地闻闻自己："我早上刚洗的澡呀……"

从鸟儿们叽叽喳喳的议论声中，357 听明白了，原来兔子霹雳和猫头鹰父子也都是给奔奔气走的。奔奔看见霹雳送来的桌布，突然失常，嘲笑霹雳的手艺不佳，桌布做得像抹布。他还说霹雳长着招风耳、大门牙。爱美的霹雳当然不高兴，却也自知反抗不过，于是哭着跑了。小猫头鹰就更惨了，奔奔说他是大饼脸、阴阳眼，身长腿短没脖子……这不是连猫头鹰捕头也给骂

了吗？难怪把猫头鹰捕头也给气走了！

　　被奔奔骂走的还不止这几位，此时飞行学校里已经乱作一团。

　　357觉得很奇怪，这绝对不是他认识的奔奔，奔奔是不是遇到了什么事，受了什么刺激？

　　357想了想，跟鹰老师商量了一下，决定请歪歪去"熊草堂"叫贝儿，自己去森林事务所叫熊所长。奔奔再怎么"疯"，也不敢在"双熊"面前胡闹吧？

兔子霹雳伤心难过，357 却把歪歪拉走了，他是不是冷酷无情？

"好朋友之间不应该有秘密。""不告诉我，咱们就不是朋友。""做朋友就应该……"你有没有为这些事情烦恼过呢？听起来似乎挺有道理，可又让人觉得不那么舒服，对吗？

每个人都有个人空间，我们把心底的小情绪、小秘密藏在那里，无论身在何处，只要没人打扰，就会觉得冷静、放松、安全。我们有保护自己个人空间不受打扰的权力，同样也要推己及人，尊重他人的

个人空间。

毫无疑问，真诚相待是友谊的基础，但界限感和相互尊重同样重要，毕竟我们都是独立的个体。再爱热闹的人，也有想独处的时候；再爽快的人，也有隐私和小秘密。在我们的故事中，霹雳既然想要自己安静一会儿，357 把歪歪拉走是非常正确的决定，是对霹雳个人空间的绝对尊重，非但不是冷酷无情，反而是礼貌与教养的体现，这说明 357 是一位非常值得信赖的朋友。

喜欢恶作剧的淘气包？

你的身边有没有像刚刚的小老虎奔奔一样，喜欢拿别人的缺点开玩笑、时不时搞点令人难堪的恶作剧或者随意给人起绰号的人？如果有人告诉你，他或她只是有点淘气，喜欢恶作剧，只是还年幼、不懂事，你可以坚决地否定——这是缺乏礼貌和教养，不能用"淘气"和"开玩笑"来当作借口。

年幼不是不懂礼貌和缺乏教养的理由。中国是礼仪之邦，礼仪包含着对他人的尊重，是中华民族引以为傲的文化传统。令他人难堪、给他人造成困扰、带来麻烦……这些行为都源于不考虑他人的感受。像故事中的奔奔一样，用外貌特征或缺陷给别人起侮辱性的"绰号"，那就更糟糕了。这不仅令人难堪，甚至会造成伤害，是应绝对禁止的欺凌行为。

语言是很神奇的，它能带来快乐和鼓励，也能造成严重的伤害。我们一方面要认识到语言的杀伤力，不做施暴者；另一方面假如不幸遇到用起绰号、恶作剧等方式伤害你的人，要意识到，这不是自己的错！你应该对自己有正确的认识，建立自尊和自信，同时，可以向你信任的老师、同学和家长寻求支持和帮助。

1

问：357 为什么不让歪歪继续敲霹雳的门？

问：给朋友起绰号，是关系亲密的体现吗？

2

3

问：假如你被别人起了个讨厌的绰号怎么办？

3 狗熊所长变脸

357 风风火火地冲进森林事务所，却发现猴蹿天也在。

"猴蹿天，你在森林里放贷的事情我已经知道了，今天把你叫来，就是警告你，不许再收取高额利息，欺骗森林居民，否则就把你赶出森林！"

"熊大人！"猴蹿天在冰雪森林定居之后，改掉了"之乎者也"的说话习惯，

却还是一样的嬉皮笑脸，"大家借钱可不是为了吃喝玩乐，开个'鼠来宝'那样的店铺，狐狸家那样的游乐场，总是需要点'本钱'的。除了我，森林里谁能拿出那么多钱？用了我的钱，总得给点好处吧？所以，这顶多算互惠互利，不能叫占便宜。至于利息，清清楚楚写在合同上，怎么能叫欺骗呢？"

熊所长一旦开始思考问题，就觉得肚子饿。他顺手抓起桌面上的半只鸡，一边吃一边想，猴蹿天说的不是没有道理，就算有些居民有很好的存钱习惯，可是毕竟数量有限，想要做点像样的生意，总不能背着桦皮桶挨家挨户地去借吧？

"熊大人，您就答应了吧……我真是为了大家好……"

"不是这样的！"357打断猴蹿天，"你肯借钱，才不是为了大家好，而是为了自己赚钱。你给歪歪的合同我看了，虽然不算是高利贷，可是利息还是太高了。你那一袋子金银贝，就是这样赚来的吧！"

猴蹿天笑嘻嘻地看着357："狐狸们不懂经营，把钱借给他们风险很高，多收点利息有错吗？再说，我要是不借，你能有钱借给大家吗？"

"我虽然没有那么多钱，"357道，"可是森林居民们有，只要把大家的钱聚在一起，肯定远远超过你。就算没有你，大家也能做生意。"

熊所长殷切地望着357，期待着一个解决方案："357，你是想到什么好办法了吗？"

"嗯！今天我来就是要同您商量，我们应该成立一个'银行'！"

"银行？"熊所长很好奇，"那是什么东西？"

"银行是人类一个了不起的发明，它帮人类把多余的钱集中保管起来，再借给那些有需要的人。现在大家都用上金银了，咱们森林里完全可以建一个银行，把大家暂时不用的金银贝和零碎贝壳集中起来，肯定不比猴大侠少！这样，像狐狸家这样需要钱的居民，就不用到处借，只要来银行借就好啦！"别看357长时间被关在实验室里，学会的东西倒不少。

熊所长还是不明白："可是……把钱放到你说的这个'银行'里，大家不会担心吗？我总不能下命令，强迫大家吧？"

"当然不用！"357信心十足，"只需要做到两件事，大家就会自愿把钱

存到银行里。"

　　熊所长凝神静听，猴蹿天眼珠子乱转。

　　357不慌不忙地讲："第一做到讲'信誉'，就是让大家相信，钱存进来不仅安全，而且随时可以取出。第二做到有'利息'，银行帮大家保管钱，不仅不收费，还给钱。做到这两点，还怕大家不愿意存钱吗？"

　　熊所长担心地问道："可是，这'信誉'和'利息'从哪里来呀？"

　　"就从您这里来呀！"357指指熊所长，"只要您和金雕爷爷出面，以管理税金的名义开办银行，大家自然会相信。至于'利息'嘛……"357眼睛看

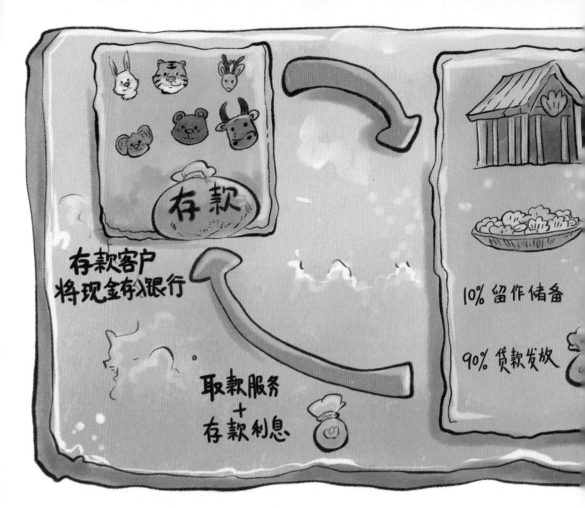

存款客户
将现金存到银行

取款服务
+
存款利息

10% 留作储备

90% 贷款发放

向猴蹿天，"我看猴大侠比我还清楚吧？"

猴蹿天鼻子一哼："没错，把钱借出去也是要收利息的。只要把钱借出去所收取的利息，比付给存款者的利息高，就有得赚。"

原来是这样！熊所长点点头。所谓银行，就像挖一个大池子，让大家把多余的钱都放在里面。如果连熊所长和金雕爷爷都说这个"大池子"是安全的，那大家自然相信，也就愿意把自己的钱放进去。既然钱放在"大池子"里，闲着也是闲着，干脆把一部分拿出来，借给有需要的居民。等他们把钱还给银行的时候，除了借出的那部分，还得付一些使用费。银行自己留一部分使用费，

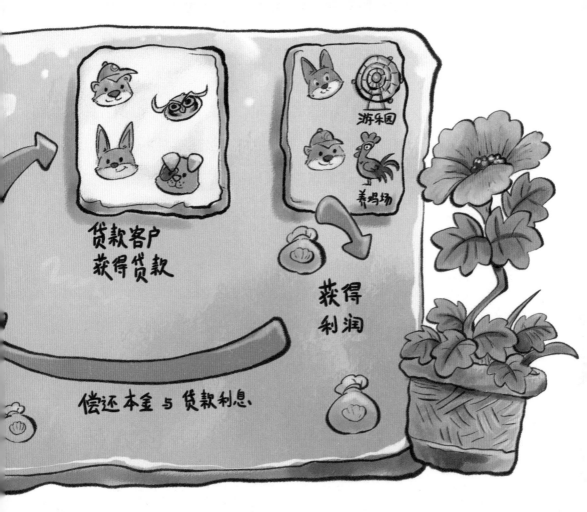

贷款客户
获得贷款

偿还本金 5 贷款利息

获得
利润

游乐园

养鸭场

再把剩下的支付给存钱的居民做"利息"。这样，池子里的钱进进出出、来来去去，不仅"活"了起来，存钱的居民和银行还能获得一点报酬，这真是个聪明的想法！

"只靠我和金雕爷爷出面恐怕不够，还得建一个金库，保证大家的钱绝对安全。到时候恐怕得请老虎来站岗了。"熊所长想得更周到。

"哎呀！"听到"老虎"二字，357 这才想起来还有件重要的事呢，"熊所长，银行的事咱们后面再慢慢商量，现在先得请您去一趟飞行学校，那边正有麻烦呢！"

"哎，说走就走啊？建银行这主意不错，可建好之前，能不能允许我继续放贷啊？"猴蹿天眼看生意要完蛋，急忙拦住刚站起来的熊所长。

谁知，熊所长摇晃了一下，居然扑通一声倒在了地上。

"哎呀妈呀，可不是我推的啊！"猴蹿天吓得跳开，连忙解释，"熊大人您可别碰瓷，就算我推，也没那么大的力气呀……"

357 也吓得呆住了。

熊所长魁梧的身躯直挺挺地躺在地上，一动不动。猴蹿天一会儿拉拉他的耳朵，一会儿扒扒他的眼皮，急得团团转。

突然，熊所长"噌"的一下坐了起来，面无表情，双眼无神，接着，他用粗壮的手臂一把握住猴蹿天的脚腕。

猴蹿天被倒着拎起，吓坏了。

"你这只野猴子，什么江湖侠客，我看你是江湖骗子，是无家可归的可怜虫！"

猴蹿天听到这话，一下愣住了。他没有争辩什么，随即眼泪啪嗒啪嗒往下掉。

357看他这样，不像假装的，是真的哭了，倒同情起来，想帮他说两句话："熊所长……你……"

还没等 357 说完，熊所长空洞的目光直直转向 357："你又到底是什么来头？贼眉鼠眼，鼠目寸光，也配商量森林大事？"

357 震惊极了，旋即伤心起来：当初是你力排众议让我留在冰雪森林，还愿意拿出自己的领地分给我，熊所长，这些你都忘了吗？

倒吊在半空的猴蹿天终于哭着央求道："熊大人，求你放我下来吧！我再也不放贷啦！"

"猴鼠一窝，都不是好东西！马上给我滚出冰雪森林！"说罢，熊掌一甩，357 和猴蹿天一起被熊所长扔出门外。

嘭！森林事务所的大门接着紧闭起来。

357 继续目瞪口呆，搞不清究竟是怎么回事，不是来请熊所长去飞行学校的吗？不是刚刚还在商量成立森林银行吗？是哪句话惹怒了熊所长？那个强壮、威严又公正、温柔的熊所长，他怎么也忽然变脸了？

银行帮人保管现金，不收保管费反而给利息，那不会亏本吗？

存款 贷款 代理

首先要明确一个概念，把钱存进银行，对于存款人来说，的确是方便又安全，但银行绝不会让存款人的钱躺在保险库里睡大觉，而是很快就拿去使用了。存款人所获得的"利息"，其实是银行向存款人支付的货币使用费。

那银行拿着存款人的钱做什么去了呢？

银行对客户提供的服务主要分三类——存款、贷款和代理。存款是我们把钱存进银行；贷款是把钱从银行借出来；代理是指代替客户经办一些业务。我们已经知道，使用货币应该向货币的所有者支付费用，按这个道理，银行使用存款人的钱，应该向他们支付费用（即"存款利息"），反过来，人们向银行借钱（即贷款），也需要向它支付费用（即"贷款利息"）。你可以上网查查任意一家银行的存款及贷款利率，你一定会发现，"贷款利率"总是明显高于"存款利率"。所以存贷款利率之间，必然存在差值，这个"利率差"就是银行利润的主要来源。此外，银行提供的各种代理服务（如扫码交易、理财投资等）也很赚钱。

现在你知道了吧，银行付一点存款利息当然不会亏本，它赚钱的业务可多着呢！

一点"穿越"：你出生以前的世界，钱还不是手机屏幕上的数字

如今，无论是爸爸妈妈管理工资收入，亲友间借款、还钱，还是买东西，在电脑或手机上动动手指就完成了。看起来，这似乎是天经地义的事情。不过，假如你能够"穿越时空"，用不着走很远，就会看见一个和今天完全不同的世界。

几十年前（也就是爸爸妈妈还小的时候），买东西、借钱、还钱……这些跟钱沾边的事，都得靠真正的"钱"来完成。那时候，买贵一点的东西，就要带着厚厚一沓现金，收银员一张张地查验真假，再反复点算清楚。如果价格是几角几分，还得东拼西凑地找零。万一运气不好，东西还没买，钱却不小心丢了，那就真的很难找回来了。

从那时再往前穿越十几年（爷爷奶奶年轻的时候），"发工资"是真的把一沓钱发到你手里。许多人担心钱放在身上不安全，一拿到钱就会跑到银行里存起来，等需要的时候再取出来。

今天，几乎人人都会使用手机支付，它使生活更方便、更安全，丢钱、找零、假币这些麻烦几乎不再有。而这个飞跃性的进步就发生在你出生前后的几年时间内，所以你会觉得这一切都很自然。细细想来，许多看似平常的事，倒退十几数十年，简直是难以想象的事呢！

1

问：银行要给存款客户付利息，会赔钱吗？

2

问：刷卡购物、网上购物跟银行有关系吗？

3

问：银行贷款和"高利贷"有什么不同？

4 猴蹿天的回忆

"喂，小白鼠！"被扔出来的猴蹿天居然不再抹眼泪，很认真地拍拍

357，"咱俩为啥能凑一窝？应该是'蛇鼠一窝'吧？"

357 瞪大眼睛看着猴蹿天，这个时候，他居然在纠结成语？！

"嗯？你不会表面坚强，内心脆弱吧？被骂两句就受不了了？"猴蹿天

又恢复了平日的嬉皮笑脸，倚着旁边的大树坐下。

357 拍拍毛上的土："你也挺脆弱的吧？刚才

哭天抹泪的是谁呀！"

"唉！猴在江湖，冷言冷语如同家常便饭，不必太放心上。只是那老熊提起了我的伤心事。"猴蹿天的脸上忽然闪过一丝伤感，"我小时候曾经是马戏团里的明星，跑遍了名山大川。不过那不叫流浪，叫'巡回演出'。我的功夫和口技，就是在马戏团的鞭子下学会的……马戏团的鞭子抽在身上可真疼呀！要是练不好，不光挨鞭子，有时连饭也不给吃。所以，我趁转场时来了个胜利大逃亡！马戏团的人到处找我，我躲在地沟里不敢出来，饿得晕了过去。幸好我遇见老侯——就是后来收养我的人，他说：'我是老侯，你是小猴，咱们有缘。'从此，我们一起行走江湖，到处'巡回演出'。我们从早到晚地卖力表演，虽然饥一顿饱一顿，可是那时的我真快乐……"猴蹿天说着说着，眼里又泛起了泪花……

原来，猴蹿天的身世这么凄苦！357想到了自己，竟觉得有些同病相怜。

357问："老侯对你那么好，你为什么离开他？"

"老侯年纪太大了，我们'巡演'到南方时，他突然病得很重。我想给他弄点好吃的，却不小心被人捉到餐馆去，自己差点成了好吃的。"猴蹿天苦笑着说，"老侯为了救我，把他存下来的钱都给了餐馆……我永远不想离开他，可是他永远地离开了我……从那时开始，我发誓再也不要挨饿，再也不要贫穷。"猴蹿天甩掉眼泪，故作洒脱地又接着说道，"你看，我做到了。你刚才说的银行，我也听说过。我自己就是'江湖银行'。瞧，我现在多富有！可惜……老侯再也醒不过来了。"

刹那间，357仿佛理解了猴蹿天。他想告诉猴蹿天，建立森林银行不会断绝他的生路，也不是要把他赶出冰雪森林，有了森林银行，猴蹿天一样可以留下来。

还没等357开口，猴蹿天继续说道："你的过去也一定不简单吧？一看你就不是普通的老鼠。还有那只小猫，大家都差不多。如果能有一个温暖的家，谁又想流浪呢？我放贷，只不过想让大家觉得需要我，这样我就不必到处流浪了，可惜……算啦！"猴蹿天故作潇洒，"山高水长，后会有期！"他摆摆手，转身准备离开。

"猴大侠！"357叫住他，"请等等！你不觉得，刚才熊所长有点奇怪吗？

他可能不是真心要赶我们走的。"

猴蹿天摇摇头："我不了解他！"

"我也说不准。可是，他的情况和奔奔太像了，我总觉得不是偶然。"

"哦？那只小老虎？"

"是的。我来找熊所长，除了商量银行的事，还因为奔奔正在飞行学校闹事。他的情况跟熊所长很像，突然就变了。他取笑大家的外表，给大家乱起绰号，已经弄哭好几位了！"

猴蹿天不由得说道："人参和公鸡啊！"

357 没听明白："什么？"

"唔，这样说吧，在人类的世界里，像这样故意用语言贬低别人的行为，就叫'人参和公鸡'，老侯教我的。"猴蹿天甩出一个 357 也听不懂的高级词，他十分得意。

"您说的是'人身攻击'吧？"按照 357 对"猴言猴语"的了解，猴蹿天应该是又记错了词。

猴蹿天假装咳嗽了两声，掩饰道："哎呀……咱们又不是人，怎么能叫'人身攻击'呢？我看，还是'人参和公鸡'更合适。"

357 哭笑不得："您说是就是吧。那个……猴大侠，我在实验室里长大，没行走过多少江湖。您见多识广，能不能留下来帮我想想办法。奔奔和熊所长绝对不是这样的品行，他们也许……吃坏了东西，或者被毒虫子咬了……您能不能……"

听到 357 称自己为"猴大侠"，又言必称"您"，猴蹿天突然觉得心里有些发热，一股侠义之气油然而生。他点点头说："好吧，谁叫我是大侠呢！咱们先去看看小老虎，确认一下他今天有没有吃鸡。"

"吃鸡？"357 刚想问为什么，忽然想起，熊所长在失常的前一刻就正是在吃鸡！他暗自佩服猴蹿天的机敏——奔奔和熊所长症状相似是显而易见的，关键问题在于，令他俩出现同样症状的原因是什么。假如奔奔在失常之前也吃了鸡，那么"鸡"无疑就成了重要线索。

被熊所长扔出森林事务所之后，357 的心情十分不好受，可他还是耐心地倾听猴蹿天讲他过去的故事，357 庆幸自己没有不耐烦地打断他。了解了他的过去，就理解了他的现在。猴蹿天不仅不是坏猴子，他还很聪明，而且重感情。357 的耐心为他赢得了一位好战友。他相信自己与猴蹿天一起，不管是毒草还是毒虫子，他们都能找出来，消灭"人参和公鸡"，让快乐和尊重回归冰雪森林。

357 趴在猴蹿天的肩膀上，像坐"林间飞车"似的，很快就回到了飞行学校。

此时的奔奔已经晕倒在地上，阿皮坐在他身边，一声不响地仰望天空。几只小鸟正站在奔奔身上和周围，揪他的毛。看来大家都是受害者。

357 和猴蹿天走过去，坐在阿皮身边。357 觉得阿皮一定因为奔奔的话很受伤，想要安慰他。

"很难过吧……"

"还好！"

"别放在心上。"

"呵呵，"阿皮苦笑一声，"他别放在心上才好……奔奔不单说我，见谁说谁，劝不住，我只好给他撂蹄子了……"原来奔奔是被阿皮给"撂"晕的！

"晕了好！"树上几只小鸟叽叽喳喳地说，"奔奔真的太过分了！"

357 为奔奔辩解道："奔奔可能是中毒了。"

"不会吧？像这样的淘气包以前学校里也有，他们本性并不坏，只是调皮淘气，没有被正确引导……"鹰老师表面严厉，骨子里却很温柔。

"这不一样！"357 认真地对大家说，"拿同学们的外表开玩笑，用难

听的话讽刺、挖苦，这不是调皮淘气，更不是性格直爽，这是语言暴力，是非常错误的行为。奔奔之前从未有过这样的言行，一定是什么东西使他精神失常了！"

"没错，"猴蹿天帮腔，"这叫'人参和公鸡'！"

"人参""公鸡"森林居民都不陌生，可是"人参和公鸡"配在一起又是什么意思呢？大家交头接耳，相互询问。

"哟！说到'鸡'我才想起来，这家伙早上有没有吃鸡？"猴蹿天问阿皮。

阿皮答道："有啊！一只没吃饱，吃了两只呢，所以我俩差点迟到。"

357 和猴蹿天不约而同对视一眼。

谜题要解开了吗？

为什么猴蹿天听说要成立"森林银行"后，就准备离开？

聪明的357其实早就猜到，猴蹿天极可能是靠放高利贷获得大笔财富的。为了不让冰雪森林的小伙伴陷入高利贷的旋涡，357向熊所长提议成立"森林银行"。猴蹿天为什么觉得大家很快就不再需要他了呢？

我们已经知道，不管向谁借钱，通常都要支付一些"使用费"（即贷款利息）。假如需要借钱的是你，你是不是希望这个"使用费"越便宜越好呢？而猴蹿天经营的高利贷，"高利"二字已经嵌在名字里面，可见它的特点就是利息——"使用费"极高。

人们在买东西的时候，总要货比三家，选择物美价廉的。同样，借钱的时候也会做这样的比较，选择使用费（借款利息）最低的去借。当森林居民们没有选择时，急需用钱只能找猴蹿天借，忍受高利息的压榨。而森林银行一旦成立，大家就可以自由选择了——从银行借钱的使用费可比猴蹿天那里便宜多了，谁还会傻傻地去找猴蹿天借钱呢？

现实生活中，人们借钱或存钱时，也是先要比较过"使用费"才做决策的。贷款时，通常会选择贷款利率低的银行；反过来，存款时则要选择存款利率高的银行。不过，我们国家给银行规定了利息的大致范围，每个银行的存贷款利率虽然稍有差异，但是十分微小。但是，与高利贷相比，差别可就大了！

人类世界有那么多银行，为什么还存在高利贷？

现在你一定有这样的疑问：如果成立森林银行可能会令猴蹿天没生意做，那么人类世界已经有那么多银行了，为什么高利贷还存在呢？

首先，即便是银行遍地的今天，银行也没法满足所有人的借款需求。银行作为正规金融机构，必须对存款人的资金安全负责。也就是说，银行希望借出去的钱能够按时地、没有损失地收回来。道理很简单，你会把钱借给可能赖账不还的人吗？当然不会。银行也不会。为此，银行要对借款人的情况进行审查，只有在确保钱能够按时按量收回的前提下，才会发放贷款。所以，虽然人人都可以往银行里存钱，但并不是人人都能从银行借到钱。

其次，银行对借款人的情况进行审查的过程，是需要花一些时间的，时间长短与借钱的数目、用途等都有关系。这样，对于那些急需用钱的人就有些麻烦了。比如一位商人急需一笔钱周转，可是时间紧迫，来不及向银行贷款，这时候，他可能就会考虑用高利贷来解决燃眉之急。虽然利息高了些，可假如没有这笔钱，他的生意可能就要受损甚至破产，相较而言，他宁愿付出高额利息。

高利贷属于民间借贷的一种。所谓"民间借贷"，就是指普通人之间的资金融通，利息和期限只要双方协商一致即可。抛开道德因素，高利贷的借款条件较为宽松，速度也比较快，能够解决一部分人的资金需求，所以即使在银行随处可见的今天，高利贷依然存在。我国法律对普通民间借贷是持保护态度的，但是对于利息超过基准利率一定倍数的高利贷是不支持的，未经国家批准的机构和个人，擅自以发放贷款为主要业务，更是属于非法的。

1

问：猴蹿天为什么听说要成立森林银行，就打算离开冰雪森林？

2

问：对普通人来说，利率高一点好还是低一点好呢？

3

问：猴蹿天为什么想知道奔奔有没有吃鸡？

5 精彩推理秀

棕熊贝儿背着药箱匆匆忙忙地赶到飞行学校。他询问了一下奔奔的症状，表情严肃起来。他告诉大家，从昨天晚上开始，熊草堂已经收治了好几位类似的患者，症状无一例外，都是突然双目无神，然后如魔怔一般见谁都骂，话语难听。贝儿初步判定，这是一种中毒症状。

357急切地问："那他们有没有吃鸡？"

"吃鸡？"贝儿疑惑道，"我只询问了有没有吃什么奇怪的东西，都说只是正常饮食而已……"

猴蹿天接着问："那么，生病的是哪些森林居民？"

贝儿一个一个地列举道："有'狸猫记'的狸拖泥，'獾乐送'的獾疾风、獾闪电，御林军的狼威风……"

"瞧瞧！"猴蹿天道，"这几位的'正常饮食'里，多半有鸡。"

树上的小鸟提出质疑："那歪歪怎么没事？狐狸可最爱吃鸡了！"

歪歪有点尴尬，小声说道："主要……主要是没钱了，我们家已经很久没有鸡吃了……"说完，他还咽了咽口水。

"瞧，第一条线索浮出水面。"猴蹿天望向357道，"咱们森林里养鸡的那位叫什么来着？"

"黄鼠狼阿黄。"

"哦，那快走吧，咱们去养鸡场看看！"猴蹿天让357跳到自己肩上，一起奔赴阿黄养鸡场调查情况。

贝儿和阿皮则扛起奔奔，又叫来几个伙伴，准备去森林事务所把熊所长一同带回"熊草堂"。从前，无论森林里发生什么事，只要熊所长在，大家就一点也不担心。现在，熊所长也"中毒"了，森林居民们必须靠自己来解决问题了。

猴蹿天带着357来到阿黄养鸡场时，阿黄正坐在太阳底下，一边哼着小曲，一边满意地欣赏着正在散步的小鸡雏。这些嫩黄色的小毛球，很快就会长大，

准能卖个好价钱。

　　"不可能是鸡的问题！"听 357 讲了奔奔和熊所长的事，阿黄急了，情绪激动地摇头否认，"我的鸡，吃的都是新鲜的嫩虫和上好的玉米粒。它们每天都晒太阳、做运动，绝对没有问题！怎么可能有毒呢？"

　　357 连忙解释道："阿黄，别误会，我不是这个意思。只是，中毒居民

唯一的共同点，就是吃了你的鸡。这样推理……"

"推理？"阿黄不以为然，"我看你是'忒不讲理'！"说着，阿黄扳起自己的指头，"我也吃鸡，前天、昨天、今天、明天，每一天我都吃自家的鸡，我怎么一点事都没有？你们无凭无据就来质问我，我口不择言没有？"

猴蹿天若有所思地喃喃自语道："王子都骑白马，可是骑白马的却不一定是王子，也可能是唐僧……"

"你在说什么？"357和阿黄一起转头问他，他们被这没头没脑的话给说迷糊了。

"哦，我想起闯荡江湖时，听有人说过，在童话故事里面，王子总是骑着白马出现，可是骑白马的都是王子吗？不见得！"

357马上领会了猴蹿天的意思："你是说，中毒的居民都吃了鸡，并不代表吃了鸡就一定会中毒？"

阿黄恨不能立刻摆脱嫌疑："哼！我就说，你们这是白忙活！"

"怎么能叫白忙活呢？"猴蹿天微笑道，"没有结果，也是一种结果。这条路错了，我们正好排除了一种可能。"

"那接下来该怎么办呢？"357和阿黄一起眼巴巴地望着猴蹿天。

"当然是继续收集线索啊！"

"那鸡的嫌疑解除了吗？"

"还没有。不过我觉得，即便鸡有问题，也不会是无缘无故地出问题，会不会是鸡吃了什么不该吃的东西？"

猴蹲天的怀疑很有道理，单凭阿黄这一个例外，不足以洗脱鸡身上的嫌疑。

"鸡吃的是'鼠来宝'专供高级饲料，我的鸡挑食，从不乱吃东西。"阿黄答道。

"那就好办了！"猴蹲天拍拍手，站起身，让357跳到自己肩上，径直向"鼠来宝"奔去。

让鸡中毒的是什么呢？嫩虫还是玉米粒？357也想快点查出真相。

养鸡场气氛紧张，"鼠来宝"里却是一团和气。森林居民们聚在门口，等待着品尝新甜品"仙女丝"。京宝在机器前忙活，扎克负责接待顾客。

看见357回来，京宝连忙停下机器跑出来："我刚从芭芭拉那里听说了飞行学校的事，你们没事吧？"

猴蹲天没有直接回答，而是急急地询问："京宝，你们店里的玉米粒和虫子都没问题吧？"

"玉米是我从喜鹊那里买来的，我自己也吃过，绝对没有问题！虫子的来源有点复杂……不过卖给阿黄的嫩虫是扎克亲自捕来的，他自己也吃这种虫子，应该不会有问题。"京宝对"鼠来宝"的每件商品都十分清楚，打理得井井有条。

357和猴蹲天正准备去问扎克，只听见"鼠来宝"里传出啪的一声响，接着稀里哗啦一阵混乱，店内的顾客慌慌张张地逃了出来。

"快跑呀！扎克疯了！"他们一边跑，一边喊道。

357和京宝连忙冲进"鼠来宝"，迎面差点被扎克丢出来的锅碗瓢盆砸到。

京宝赶忙跳上露台去安慰墨墨，357 则当机立断，抄起绳子把乱扔东西的扎克五花大绑。扎克还是叫喊不停，慌乱中，357 把"仙女丝"当成了棉花团，塞进了扎克嘴里。可是"仙女丝"很快就融化了，眼看扎克又要胡言乱语，357 顾不得许多，又抓起一把橡果塞到扎克口中，他这才安静下来。

　　"如此看来，问题说不定在虫子上。"猴蹿天蹲在露台上说，"捕虫的

扎克中毒，鸡吃了扎克的虫，所以吃鸡的居民们也中了毒。"

　　这下，京宝是沮丧加担忧："那我们'鼠来宝'不是惹祸了吗……"

　　"不一定，"猴蹿天安慰道，"虫子或许依然不是罪魁祸首，最终真相，还得咱们继续追查。"

　　357和京宝对视一眼，神情凝重地点点头。

"推理"是什么?

侦探故事中常有依靠"推理"破案的情节,那么"推理"到底是什么呢?

推理是"逻辑推理"的简称,它是指根据逻辑关系得出结论的思维过程。那"逻辑"又是什么呢?它是指客观事物的规律或规则。这个词听起来怪怪的,因为它是由希腊语音译而来。在希腊语中,"逻辑"一词带有思想、词语、理性、推论等含义。由此可见,所谓"推理"或者"逻辑推理",就是以遵循客观规律的思考得出结论的过程。"推理"之所以可以帮助侦探们破案,很大程度上正是因为它尊重事实和客观规律,而不依靠侦探的直觉、感受、想象等这些主观的东西。

推理有哪些形式？猴蹿天"破案"时，用的是哪种推理？

　　逻辑推理有多种不同的形式。在寻找真相的过程中，357 和猴蹿天从客观现象（中毒的居民都吃了鸡）得出"吃鸡会中毒"的结论，这种由"特殊"到"一般"的推理叫作"归纳推理"，特点是结论有很强的不确定性。猴蹿天用从人类那里听来的话解释了原因——王子都骑白马，但骑白马的不一定都是王子。也就是说，尽管许多居民因为吃鸡而中毒，但这不足以得出"鸡导致中毒"的结论。同样道理，你坐过十次飞机，恰好飞行员都是男性，但你不能得出"所有的飞行员都是男性"这样的结论，因为你只是还没遇到女飞行员而已。

　　所以，对"归纳推理"得出的结论进行仔细验证是非常有必要的。你看，阿黄吃鸡而没有中毒，这就轻易推倒了"吃鸡会中毒"的结论。而因吃虫中毒的扎克，则证明了其他可能毒源的存在。下一步，357 和猴蹿天要做的就是找出虫子身上的毒是从哪里来的。我们拭目以待。

1 问："天下乌鸦一般黑"这个俗语中包含什么推理过程?

问：归纳推理得出的结果可信吗?

2

3

问：猴蹄天是怎样运用归纳推理的?

小词典

收 入

在一段时期内，由于提供产品或服务而获得的经济利益。

投 资

把钱投入到能够在未来很长一段时间里产生稳定回报的地方。

储 蓄

可以简单理解为存钱，将收入的一部分积累起来。

银行业务

主要有存款、贷款、代理服务三大类。

贷 款

银行服务的一类；银行把钱借出去，并收取利息。

银行代理服务

也叫"中间业务"，如刷卡购物、网上支付、手机支付、咨询服务等。

存贷利率差

银行存款利率与贷款利率间的差值，是银行利润的主要来源。

银行提供的另一种服务

我们已经知道，银行对客户主要提供三大类业务，存款、贷款和代理业务。存款和贷款我们已经很熟悉，那么银行的另一种业务——代理业务又是做什么的呢？

所谓代理业务，就是商业银行作为客户的代理人，接受客户委托，完成指定任务，并收取一定的费用作为报酬。乍听起来，这项业务似乎离我们很远，其实并没有，说不定你已经用过了。比如我们平时买东西时都用过的手机扫码支付、刷卡支付、网上支付等，看起来只是我们和商家之间的交易，可是如果没有银行在我们和商家之间作为"代理人"，收付款是无法完成的。换句话说，在交易的过程中，银行不仅作为我们的代理，将我们账户中的款项划到商家账户上，也作为商家的代理人接收我们支付的款项，这就是"代理"的含义。

银行从事代理业务也是要收取费用的，只不过这部分费用通常是

对商家收取，我们这些作为付款人的消费者可能没有感觉。除了简单的收付款之外，我们购买投资理财产品、进行股票交易、购买保险等等，也都要通过银行，这些同样属于银行代理业务的范围。由于我们每个人、每家商户或企业几乎都需要银行在中间"代理"，因此代理业务也是银行利润的重要来源。

所以，银行除了在个人和企业之间进行资金融通，支持经济活动，还在消费者和商家、消费者和其他正规金融机构之间从事各类"代理业务"，这就是银行为什么被称为"金融中介机构"的原因。

在互联网技术发达的今天，前面提到过的所有业务几乎都可以在网上、手机上完成，十分便利。不过，可别搞错了顺序——银行的代理业务远比互联网历史久远。在网络未普及的年代，代理业务同样存在，只不过大家要多跑几次银行罢了。科技使银行等金融机构的效率大大提高了，未来科技将会如何改变我们的生活呢？我们拭目以待吧！

图书在版编目（CIP）数据

我的财商小课堂. 钱都去哪儿了 / 龚思铭著；肖叶主编；郑洪杰, 于春
华绘. -- 北京：天天出版社, 2021.7

（森林商学园）

ISBN 978-7-5016-1723-4

Ⅰ.①我… Ⅱ.①龚… ②肖… ③郑… ④于… Ⅲ.①财务管理—少儿
读物 Ⅳ.①TS976.15-49

中国版本图书馆CIP数据核字(2021)第104570号